LA

DÉNATURATION DE L'ALCOOL

EN FRANCE

ET DANS

LES PRINCIPAUX PAYS D'EUROPE

LA
DÉNATURATION DE L'ALCOOL
EN FRANCE
ET DANS
LES PRINCIPAUX PAYS D'EUROPE

PAR

René DUCHEMIN

CHIMISTE
SECRÉTAIRE DE L'UNION SYNDICALE DES USINES DE CARBONISATION
DE BOIS DE FRANCE

AVEC UNE PRÉFACE DE

CH. BARDY

DIRECTEUR HONORAIRE DU SERVICE SCIENTIFIQUE DES CONTRIBUTIONS INDIRECTES

PARIS
H. DUNOD ET E. PINAT, ÉDITEURS
49, QUAI DES GRANDS-AUGUSTINS, 49

1907

BIBLIOGRAPHIE

ARACHEQUESNE. — Sur la dénaturation de l'alcool (Lefebvre, Compiègne 1896).

BASSET. — Le régime des alcools en Allemagne (*Bulletin du Ministère de l'Agriculture*, septembre 1900, p. 402-501).

A. BEAUVAIS. — De l'emploi industriel de l'Alcool, Paris 1901.

R. DUCHEMIN. — La dénaturation de l'alcool (*Revue générale de Chimie pure et appliquée*, 1904).

R. DUCHEMIN. — Note sur le rapport de M. Lindet à la 2e sous-commission de l'alcool au Ministère des Finances (*Bulletin de l'Association des Chimistes de sucrerie et distillerie*, 1905).

HEGH. — Les dénaturants de l'alcool, Bruxelles 1901.

LINDET. — Le chauffage et l'éclairage à l'alcool, *Bulletin de la Société d'Encouragement*, Paris 1902.

LINDET. — Rapport présenté à la 2e sous-commission de l'alcool au Ministère des Finances (*Bulletin de l'Association des Chimistes de sucrerie et distillerie*, Paris 1905).

M. RINGELMANN. — Emploi de l'alcool à l'éclairage (Société Nationale d'Agriculture de France, Paris 1899).

L. ROBINET ET SÉBASTIEN. — Traité des Contributions Indirectes, Dalloz, Paris.

M. ROBIN. — Les monopoles réunis de l'alcool dénaturé et des pétroles (Imprimerie A. Bovry, Paris 1903).

L. PERISSE. — Etude technique comparative des alcools dénaturés (Société des Ingénieurs civils de France. Février 1905).

L. Perisse. — Rapport général sur l'alcool dénaturé. Congrès de Rome, 1906.

D. Sidersky. — Rapport sur les emplois industriels de l'alcool à l'exposition agricole de Haale-sur-Saale (Imprimerie Nationale 1901).

D. Sidersky. — Congrès des emplois industriels de l'alcool (décembre 1901).

D. Sidersky. — Rapport sur les emplois de l'alcool industriel à Berlin (Imprimerie Nationale 1902).

D. Sidersky. — Les usages industriels de l'alcool (J.-B. Baillière et fils, Paris 1905).

R. Stourm. — L'impôt sur l'alcool dans les principaux pays (Berger-Levrault et Cie, Paris 1886).

P. Taquet. — Commission extraparlementaire de l'alcool (*Rapport général*, Imprimerie Nationale 1905).

Theunis. — Alcool dénaturé. *Rapport au Congrès de Liège*, Bruxelles 1905.

Trillat. — Rapport sur la dénaturation de l'alcool (Imprimerie Nationale, décembre 1902).

Union Syndicale des Usines de Carbonisation de bois de France. Le méthylène et la dénaturation des alcools. Paris 1904.

E. Varenne (1). — L'alcool dénaturé, *Encyclopédie des Aide-Mémoire*, Paris 1906.

La Betterave. — Procès-verbaux des séances de la Société. Technique pour les emplois industriels de l'alcool.

Bulletin de l'Association pour l'emploi industriel de l'alcool (Collection du...).
(Imprimerie Lefebvre à Compiègne).

Congrès des applications de l'alcool dénaturé (Automobile Club de France 1903).

Congrès des Études économiques pour les emplois industriels de l'alcool (Imprimerie Nationale 1903).

Dictionnaire des Contributions Indirectes (Librairie administrative Oudin, octobre 1904).

1. Le volume de M. Varenne a paru au moment où nous terminions le présent travail qui, croyons-nous, ne constitue pas un double emploi.

Report of the Departmental Committee on Industrial Alcohol to the Chancellor of the Exchequer (*Journal of the Society of Chemical Industry*, avril 1905).

La Revue Technique. — Procès-verbaux des séances de la Sociéte Technique pour les emplois industriels de l'alcool.

Branntweinsteuer Ausfühungsbestimmungen (Berlin 1902).

PRÉFACE

Les emplois, jadis assez restreints, de l'alcool dénaturé, ont pris, grâce aux développements des différentes branches de l'industrie, une extension considérable. Pour pouvoir satisfaire aux légitimes exigences des industriels, comme aussi pour sauvegarder les intérêts du Trésor, il est devenu indispensable de remplacer les procédés empiriques et très imparfaits de dénaturation usités autrefois par des méthodes plus efficaces et plus rationnelles. On a dû en outre se préoccuper de créer des méthodes d'analyse reposant sur des données scientifiques, suffisamment rigoureuses, pour pouvoir découvrir, et réprimer, les fraudes qui ne manqueraient certainement pas de se produire.

Pendant une assez longue période le mode de dénaturation ainsi établi a pu fonctionner normalement, à l'entière satisfaction des parties intéressées, puis, tout d'un coup, des plaintes et des récriminations se sont élevées, portant à la fois sur le mode de dénaturation et sur le coût de cette dénaturation.

On était alors au début de l'industrie de l'automobile et en pleine période d'éclairage intensif ; pour satisfaire aux besoins de ces deux industries, comme aussi pour les affranchir de l'obligation de l'emploi exclusif du pétrole, on chercha à remplacer les produits américains par l'alcool indigène.

Une grande campagne fut entreprise et l'on mit tous les arguments au service de la thèse à défendre ; c'est alors que les récriminations sur la dénaturation devinrent très vives, qu'on l'accusa nettement d'être le seul obstacle, tant par ses procédés, déclarés surannés, que par l'élévation de son prix, aux développements de l'alcool pour le chauffage, l'éclairage et la force motrice.

Le Service chargé de la défense des intérêts du Trésor subit de rudes assauts ; dans les journaux politiques et scientifiques, dans les congrès, dans les réunions publiques, on entreprit l'abolition du système officiel et l'on préconisa des procédés nouveaux.

Mais, si ces procédés donnaient satisfaction à l'amour-propre, aux ambitions ou aux appétits de leurs promoteurs, leur adoption aurait été une véritable ruine au point de vue fiscal. Heureusement l'intervention législative d'une part, et la sagesse de la sous-commission extra-parlementaire nommée *ad hoc* d'autre part, ont remis les choses au point ; en sorte que l'agitation produite sur *la question de la dénaturation* s'est peu à peu calmée et que le bon sens a fini par prendre le dessus.

En dehors de documents officiels, peu répandus ou

purement administratifs, on ne possédait aucune publication exposant loyalement et nettement la question de la dénaturation de l'alcool. M. R. Duchemin, dont les travaux et les publications sur la question ont été remarqués et appréciés, a cherché à combler cette lacune et je me plais à dire de suite qu'il a pleinement atteint le but qu'il avait visé.

Dans l'ouvrage qu'il publie aujourd'hui, il commence par exposer ce qu'est la dénaturation et quelles sont les conditions auxquelles doit satisfaire un dénaturant idéal Après avoir fait un historique, très court mais très complet et très documenté, de la dénaturation en France, il passe en revue les lois, décrets, circulaires, règlements, etc., régissant la matière; puis il donne un tableau des industries autorisées à faire usage de l'alcool dénaturé, et indique les procédés spéciaux afférant à chaque industrie.

Il expose ensuite l'organisation des laboratoires d'analyse officiels, avec leur rayon d'action ; fait un exposé impartial de la campagne menée en faveur du développement des emplois industriels, et résume les vœux des congrès en indiquant les dispositions législatives intervenues.

De nombreux tableaux statistiques terminent cette première partie.

Un chapitre spécial, très intéressant, est consacré à l'exposé des modes de dénaturation employés dans les pays étrangers : Allemagne, Autriche-Hongrie, Belgique, Grande-Bretagne, Hollande, Russie, Suisse.

Il fait clairement ressortir quelles sont les raisons

pour lesquelles il est consommé beaucoup plus d'alcool dénaturé en Allemagne qu'en France.

Je recommande tout particulièrement la lecture de ces pages ainsi que des pages suivantes (124 à 150) aux personnes véritablement désireuses de se faire une opinion juste et de rechercher les moyens pratiques de développer l'emploi de l'alcool en France.

Après une étude critique, très bien faite, des différents dénaturants étrangers, il aborde l'exposé des principales fraudes pratiquées à l'aide des alcools dénaturés, il compare et discute les nouveaux dénaturants proposés, et, après avoir mis en lumière la supériorité de l'alcool méthylique sous sa forme commerciale le *méthylène*, il aborde le grand problème de l'emploi de la dose massive dont, dans une discussion très serrée, il montre la supériorité et la nécessité.

Enfin, après avoir passé en revue les questions économiques se rattachant à la dénaturation, la nature et la qualité des alcools qu'il convient d'employer, l'attaque des pièces métalliques des récipients, canalisations et moteurs, et leurs causes, il termine son livre par un chapitre donnant le texte des lois, décrets et circulaires administratives en vigueur et exposant, en détail, les méthodes officielles d'analyse des alcools dénaturés, du dénaturant général et de ses composants.

Le livre de M. R. Duchemin est écrit avec une très grande simplicité; on peut dire qu'il renferme tout ce qui intéresse la question et qu'il ne contient aucun article faisant longueur.

A la suite de chaque chapitre se trouve un résumé

de quelques lignes, qui est d'une concision extrême tout en donnant, sous une forme admirablement claire, l'idée maîtresse à retenir.

Tous ceux qui désirent se faire une juste idée du problème traité devront lire cet intéressant ouvrage ; tous ceux qui connaissent parfaitement la question le consulteront certainement encore avec profit. On ne saurait, ainsi que je l'ai dit plus haut, montrer avec une vérité plus saisissante les difficultés que rencontre l'Administration pour défendre les ressources que lui procurent les droits énormes de l'alcool de consommation, alors qu'elle n'a à sa disposition ni les mêmes règlements draconiens qu'en Angleterre, ni les mêmes sanctions pénales qu'en Allemagne.

Tous ceux dont le jugement n'est influencé par aucune préoccupation étrangère au bien général conserveront cette impression que, si le mode de dénaturation actuel est perfectible, comme toute œuvre humaine, il est certainement encore celui qui offre le plus de sécurité pour la sauvegarde des intérêts en jeu, et qu'il est peu logique de le voir combattre avec autant de passion dans le pays qui a tant fait pour en perfectionner l'emploi et dont les méthodes ont servi de modèle aux gouvernements étrangers ayant de très gros droits à défendre.

A la question de sauvegarde des intérêts du Trésor se lie intimement, dans le mode de dénaturation par le méthylène, une question non moins importante : celle de la distillation du bois d'où dépend complètement la prospérité ou la ruine de la sylviculture. Je ne puis donc mieux faire en terminant que de répéter après M. Duchemin : « C'est ainsi que la question de la dénatura-« tion de l'alcool et du dénaturant touche à la richesse « territoriale de la France et dépasse de beaucoup « la portée d'une simple mesure de défense fiscale. »

CH. BARDY.

Directeur honoraire du Service scientifique des Contributions indirectes.

LA

DÉNATURATION DE L'ALCOOL

EN FRANCE ET DANS LES PRINCIPAUX PAYS D'EUROPE

INTRODUCTION

C'est de la crise traversée, il y a quelques années, par la distillerie, lorsque la reconstitution du vignoble français jeta sur le marché de grandes quantités d'alcool, que date vraiment la question de la dénaturation.

Jusqu'à 1895 la consommation de bouche absorbait facilement toute la production, et les emplois industriels de l'alcool passaient aux yeux des distillateurs comme sans importance. Qu'étaient, en effet, les 130.000 hectolitres employés pour ces usages comparés aux 2,000,000 d'hectolitres produits ?

Quand l'excès de production eut amené la débâcle des prix, on s'aperçut que des conditions économiques anormales avaient créé une situation, presque inextricable, que certains pays voisins avaient su éviter par une législation prévoyante.

Les pouvoirs publics s'émurent, et des missions furent nommées pour aller étudier, à l'étranger, les mesures propres à résoudre la crise par le développement rapide des emplois industriels de l'alcool.

Ce fut alors que très hâtivement, trop hâtivement, selon nous, puisqu'à des régimes fiscaux presque opposés devaient forcément correspondre des procédés de dénaturation différents, commença une longue campagne dont le but était de faire adopter, en France, une formule de dénaturation similaire en tous points à celle imposée par l'accise allemande.

La question est des plus complexes et des plus importantes, car elle touche non seulement à la prospérité de la distillerie et de l'agriculture qui lui fournit ses matières premières, mais encore à celle de la sylviculture dont les produits servent à la fabrication du dénaturant méthylène et surtout à l'assiette de l'impôt : d'une dénaturation plus ou moins parfaite peut découler une rentrée plus ou moins complète dans les caisses de l'État de près de 350.000.000 de francs de droits sur l'alcool.

Il nous a donc paru utile, puisque nous avons eu le grand privilège de pouvoir étudier dans tous leurs détails les différentes législations concernant la fabrication et la vente des alcools en Europe, ainsi que la plupart des dénaturants actuellement en usage, de faire une étude, aussi résumée que possible, de la dénaturation de l'alcool.

Le petit volume que nous avons rédigé est moins une monographie qu'un travail critique et l'on y trouvera, après l'exposé de ce qu'est la dénaturation en France et dans les principaux pays d'Europe, un examen des moyens qui nous paraissent les plus propres à développer, dans notre pays, les emplois de l'alcool pour l'industrie.

Nous ne nous dissimulons pas les nombreuses lacunes qu'il présente, mais nous croyons avoir apporté dans sa rédaction un esprit d'impartialité qui, nous l'espérons, nous gagnera l'indulgence du lecteur.

R. DUCHEMIN.

CHAPITRE PREMIER

LA DÉNATURATION DE L'ALCOOL ET SON BUT

> Un des remèdes au terrible fléau de l'alcoolisme, c'est le développement des emplois industriels de l'alcool....... X.

L'alcool, lorsqu'il est destiné à la consommation de bouche, est frappé, dans tous les pays d'Europe, de droits variables mais toujours élevés qui ont longtemps entravé son emploi pour les usages industriels et surtout pour l'éclairage, le chauffage et la production de la force motrice.

Lorsqu'il doit, en effet, entrer en concurrence avec le pétrole et ses essences légères, dont la puissance calorifique atteint près de 12.000 calories par kilogramme alors que la sienne n'est que de 7.080, on conçoit qu'il soit indispensable, malgré les nombreux avantages qu'il présente, de le vendre à la consommation à des prix réduits et par conséquent de le dégrever, partiellement ou totalement, de toute taxe prohibitive.

Ce dégrèvement ne serait pas cependant sans causer un grave préjudice au Trésor si l'alcool destiné aux usages industriels pouvait, par une voie de fraude quelconque, retourner à la consommation de bouche et c'est la raison pour laquelle les pays, dont nous allons étudier plus loin la législation, ajoutent à l'alcool un produit dénommé dénaturant dont l'addition le rend impropre à être consommé comme boisson.

Cette opération, qui se fait toujours en présence des employés du fisc, porte le nom de dénaturation.

Le choix du dénaturant est d'une importance capitale puisque de son efficacité dépend la rentrée, dans les caisses de l'État, de droits qui, pour ne parler que de la France, atteignent annuellement 350.000.000 de francs et qu'il doit répondre à un certain nombre de desiderata qui ont été parfaitement résumés par le Dr Lang, ancien directeur de la Régie Fédérale Suisse :

1° Le dénaturant doit rendre l'alcool impropre à être consommé comme boisson, c'est-à-dire lui donner un goût repoussant;

2° Le mélange de la matière employée pour la dénaturation ne devra pas entraîner trop d'inconvénients pour l'emploi domestique, éclairage, etc..., de l'alcool dénaturé. Il faut, en d'autres termes, que celui-ci ne répande pas une odeur trop désagréable ni que la combustion donne trop de suie ou d'acides volatils; les taches produites par le mélange doivent pouvoir être enlevées sans trop de difficulté;

3° Le moyen en question doit être assez bon marché pour que son emploi ne rende pas illusoire, dans une mesure trop considérable, le dégrèvement que l'on cherche à rendre possible par la dénaturation;

4° La matière dénaturante doit agir à doses relativement faibles, attendu que l'emploi de quantités trop grandes de cette matière serait gênant pour le commerce comme pour l'Administration;

5° Cette matière ne doit pas être vénéneuse, ou fortement nuisible à la santé, ni offrir aucun danger particulier d'incendie;

6° Il faut que sa présence dans l'alcool dénaturé puisse être facilement constatée;

7° Elle ne doit pas exister normalement, c'est-à-dire avant la dénaturation, dans les alcools du commerce;

8° Enfin, cette matière doit être de telle nature que, malgré tous les traitements physiques ou chimiques à la disposition des fraudeurs, elle ne puisse être séparée avec bénéfices de l'alcool au point qu'il soit impossible d'en constater la présence dans l'esprit de vin soumis aux traitements en question, ou dans les boissons fabriquées avec celui-ci . . . .

Aucun des corps nombreux que la chimie met à la disposition du législateur n'a pu remplir, jusqu'à ce jour, l'ensemble des différentes qualités indiquées ci-dessus et le fisc a dû faire un choix de plusieurs produits dont le mélange ajouté à l'alcool le rende imbuvable sans pouvoir en être facilement séparé.

On conçoit que cette dernière propriété est la plus importante de toutes et qu'il ne servirait à rien d'accumuler dans l'alcool des corps, d'un prix réduit et d'un goût repoussant, s'ils étaient éliminables sans grands frais.

La difficulté que l'on a rencontrée dans la recherche d'un dénaturant unique, pouvant être employé quel que soit l'usage auquel l'alcool était destiné, a amené les services de régie à adopter toute une série de dénaturants que l'on peut ranger en deux classes principales sous le nom de :

1° *Dénaturants spéciaux.*
2° *Dénaturant général.*

Les premiers sont utilisés pour les emplois industriels proprement dits de l'alcool, soit que ce produit subisse une transformation complète, comme dans la fabrication de l'éther, du chloroforme, du vinaigre, de la poudre sans fumée; soit qu'il serve simplement à la dissolution ou à l'extraction d'autres corps, comme dans la fabrication de la soie artificielle, du collodion, des alcaloïdes, des parfums.

Dans la plupart de ces cas, les usines sont sous la surveillance, tantôt constante, tantôt temporaire, des agents du fisc.

Le dénaturant général trouve son emploi dans les alcools destinés aux usages domestiques, comme le chauffage, l'éclairage et la force motrice, c'est-à-dire toutes les fois que l'alcool échappe, par sa libre circulation, à la surveillance des agents de l'Administration.

C'est assez dire que le dénaturant général doit être d'une efficacité beaucoup plus complète que celle des dénaturants spéciaux et que le législateur doit apporter le plus grand soin à son choix.

Le dénaturant général, adopté par le Comité des arts et manufactures dans sa séance du 18 janvier 1873, fut l'esprit de bois, ou méthylène, à la dose de 25 litres pour 100 litres d'alcool, et, depuis cette date, l'emploi de ce corps a toujours été maintenu, en France, à des doses variables, pour la dénaturation.

RÉSUMÉ

1° La dénaturation a pour but de rendre l'alcool imbuvable et de permettre la libre circulation de l'alcool exempt de droits.

2° Les dénaturants peuvent se ranger en deux classes :

a). — Le dénaturant général.
b). — Les dénaturants spéciaux.

CHAPITRE II

LA DÉNATURATION DE L'ALCOOL EN FRANCE

I

HISTORIQUE

C'est au commencement du XIXe siècle que l'on rencontre pour la première fois un texte législatif relatif aux emplois industriels de l'alcool.

Loi du 8 décembre 1814. — La loi du 8 décembre 1814 qui créa le droit général de consommation (1), édicte en même temps que les spiritueux destinés à des usages industriels seront exonérés d'impôts s'ils sont dénaturés en présence des employés du fisc.

La loi du 28 avril 1816 qui, après la période troublée des Cent-Jours, remit en vigueur les dispositions de la loi du 8 décembre 1814, ne concédait pas cette franchise, mais le ministre des Finances en prononça le maintien par une décision du 29 novembre 1816.

Loi du 10 octobre 1833. — L'essai de dégrèvement des alcools dénaturés ne devait pas durer longtemps car, à la suite de fraudes importantes et répétées prouvant l'inefficacité du dénaturant alors employé : la térébenthine, une décision ministérielle, en date du 10 octobre 1833, rapporta celle de novembre 1816 et les alcools employés dans l'industrie

1. *Circulaire*, n° 314 du 30 avril 1881.

furent à nouveau frappés des mêmes droits que les alcools destinés à la consommation de bouche.

Loi du 24 juillet 1843. — En 1843 commence, dans les départements du Midi, une campagne en faveur de l'emploi de l'alcool pour l'éclairage domestique et lorsque l'on lit les arguments des promoteurs (1) de ce mouvement, basés sur le soulagement notable que procurerait à l'industrie viticole, alors en pleine crise, l'admission de l'alcool pour l'éclairage, on croirait entendre les plaidoyers de ceux qui, il y a moins de cinq ans, ont vu dans l'écoulement de l'alcool pour l'éclairage, le chauffage et la force motrice, le salut de la distillerie agricole agonisante. Le nord a remplacé le midi, l'alcool industriel l'alcool de vin, et c'est là toute la différence !

La loi du 24 juillet 1843 donne satisfaction aux revendications des viticulteurs en affranchissant partiellement de l'impôt les alcools ayant été soumis à la dénaturation, et l'ordonnance du 14 juin 1844 détermine le tarif réduit frappant les alcools d'industrie, en même temps qu'elle règle toutes les conditions dans lesquelles devait se pratiquer la dénaturation.

Utilisant les travaux faits par Payen qui avait été chargé par la Société d'Encouragement à l'industrie nationale (2) d'étudier les différents procédés de dénaturation de l'alcool, l'Administration impose alors une série de dénaturants employés en proportions variables.

Ce sont les carbures d'hydrogène, provenant du goudron de houille et bouillant entre 80 et 100°, l'esprit de bois (méthylène) obtenu par carbonisation des bois en vases clos, la térébenthine, l'huile de schiste que l'on préparait par distillation des schistes bitumeux d'Autun, le naphte, etc, etc.

La quotité du droit qui grevait encore les alcools destinés aux emplois industriels, variait suivant la proportion des essences employées et suivant l'importance des lieux où l'alcool

1. Eugène Marie. *Journal d'agriculture pratique*, avril 1843.
2. Société d'Encouragement. Juillet 1843.

dénaturé était utilisé, ce qui créait des inégalités de traitement entre les industriels.

En outre, l'obligation de dénaturer l'alcool avec l'un quelconque des corps indiqués ci-dessus rendait ce produit inemployable pour certaines industries qui se trouvaient, de ce fait, exclues du bénéfice de la modération de la taxe. Il est vrai de dire que la réduction du droit sur les alcools dénaturés était insuffisante, et devait, forcément, entraver l'essor que les promoteurs du mouvement en faveur des emplois de l'alcool pour l'éclairage rêvaient de donner à ce combustible.

Demandes de détaxes, pétitions en faveur de l'alcool dénaturé, tout fut inutile ; l'Administration resta sourde, ce qui se comprend aisément lorsque l'on songe aux facilités qu'avaient les fraudeurs pour régénérer l'alcool dénaturé par des méthodes un peu barbares.

Loi du 2 août 1872. — Ce ne fut qu'après la guerre franco-allemande, lorsque l'État dut trouver de nouvelles ressources en portant de 75 à 125 francs, en principal, le droit de consommation sur les alcools, que l'on rencontre une première tentative pour régulariser la législation des alcools destinés à l'industrie.

C'est dans le but de réduire la fraude si facile avec des alcools insuffisamment dénaturés, circulant sans contrôle en toute quantité, et de supprimer en même temps l'exclusion de fait qui frappait les industriels, en facilitant les formalités à remplir pour être admis au bénéfice de la modération de la taxe, que fut élaborée, puis votée, la loi du 2 août 1872.

Elle fixe à 37,50 par hectolitre d'alcool pur (décimes compris) la taxe de dénaturation (Art. 4) et remet au Comité des arts et manufactures le soin de déterminer, pour chaque branche d'industrie, les conditions dans lesquelles la dénaturation doit être opérée en présence des employés de la Régie (Art. V).

C'est de cette loi que date véritablement le développement, lent mais progressif, des emplois industriels de l'alcool.

Décret du 29 janvier 1881. — Successivement les règlements précédents furent modifiés et complétés. Le décret du

29 janvier 1881 accroît les garanties du Trésor en créant une surveillance, très étroite, de toutes les opérations relatives à la dénaturation de l'alcool et à sa vente.

Circulaire du 25 juin 1893. — La décision du Comité des arts et manufactures en date du 1er mars 1893. réduit à 1 0/0 la quantité d'huiles essentielles pouvant être renfermées dans les alcools, dans le but d'éviter la fraude qui consistait à remplacer une quantité de l'alcool éthylique, destiné à la dénaturation, par des quantités plus ou moins importantes d'huiles essentielles ou de résidus de distillation, affranchis de l'impôt, et à détourner ainsi de l'alcool bon goût qui pouvait être livré clandestinement à la consommation.

La même décision fixe comme suit la composition du mélange destiné à la dénaturation de l'alcool :

Méthylène	15 litres
Benzine lourde, bouillant de 150° à 200°	0, 500
Vert malachite.	1 gr.

Circulaire du 29 septembre 1897. — Le 28 juillet 1897, le Comité consultatif des arts et manufactures émet l'avis qu'il y a lieu d'abaisser, de 15 à 10 0/0, la proportion de méthylène type régie à employer pour la dénaturation, et cette résolution est approuvée par décision ministérielle du 8 septembre de la même année.

Avis du Comité consultatif des arts et manufactures du 13 décembre 1899. — Le Comité détermine à nouveau les conditions dans lesquelles la dénaturation des alcools doit être pratiquée, tant au point de vue de la composition des alcools à dénaturer que de la qualité du dénaturant méthylène.

Circulaire du 12 novembre 1900. — Sur l'avis du Comité consultatif des arts et manufactures, le ministre des Finances décide que l'addition de vert malachite à l'alcool dénaturé ne sera plus exigée.

Lois des 16 *décembre* 1897 *et* 31 *décembre* 1901. — La loi du 16 décembre 1897 réduit à 3 francs (décime compris), par hectolitre d'alcool pur, la taxe de dénaturation qui est enfin supprimée, et remplacée par un simple droit de statistique de 0 fr. 25, par la loi du 31 décembre 1901.

Loi de finances du 25 février 1901. — Ces dégrèvements successifs de l'alcool dénaturé sont complétés par l'article 59 de la loi de finances du 25 février 1901 qui alloue aux préparateurs d'alcools dénaturés, destinés au chauffage, à l'éclairage ou à la production de la force motrice, une somme de 9 francs (ristourne) par hectolitre d'alcool pur soumis à la dénaturation, dans le but de leur tenir compte du coût du dénaturant.

Le Trésor se couvre de cette dépense par une taxe de fabrication (droit compensateur) de 0 fr. 80 par hectolitre frappant tous les alcools sortant des distilleries traitant des matières autres que les vins, cidres, poirés, lies, marcs et fruits, sous déduction :

1° Des quantités directement exportées.

2° Des quantités à l'état de flegmes dirigées sur d'autres usines pour y être rectifiées.

Loi de finances du 30 *mars* 1902. — L'article 16 de la loi de finances étend à tous les alcools, dénaturés par la formule générale, c'est-à-dire par l'addition de 10 0/0 de méthylène, les avantages que l'article 59 de la loi de finances de 1901 avait accordés aux seuls alcools destinés à l'éclairage, au chauffage et à la force motrice.

RÉSUMÉ

1° Le dégrèvement de l'alcool destiné aux usages industriels date de la loi du 8 décembre 1804.

2° La législation de l'alcool dénaturé fut régularisée par la loi du 2 août 1872, puis par celle du 16 décembre 1897.

3° Le mode de dénaturation actuellement en vigueur est le suivant :

Méthylène Régie. . .	10 litres
Benzine Régie . . .	0 l. 500.

II

ÉTUDE DES LOIS, DÉCRETS ET CIRCULAIRES RÉGISSANT ACTUELLEMENT LA DÉNATURATION DES ALCOOLS ET LA VENTE DES ALCOOLS DÉNATURÉS.

Le régime fiscal des alcools dénaturés est régi, actuellement, par la loi du 16 décembre 1897 et le décret du 1er juin 1898 portant règlement d'administration public sur l'emploi de l'alcool dénaturé, dans l'industrie, et les mesures d'application de la loi précitée, ainsi que par la loi du 31 décembre 1900, et aussi par les lois de finances des 25 février 1901 et 30 mars 1902.

Les dispositions qui en découlent peuvent être rangées en :

1° Dispositions générales ;

2° Dispositions particulières ;

3° Instructions relatives à la composition des alcools et des dénaturants.

Dispositions générales. — Toute personne se proposant de dénaturer des alcools ou de faire emploi, dans son industrie, d'alcool dénaturé, doit adresser une demande au directeur départemental des Contributions Indirectes.

Locaux. — Les dispositions des locaux où s'opère la dénaturation, ainsi que le matériel qui y est destiné, doivent recevoir l'approbation de l'Administration.

C'est ainsi que les cuves dans lesquelles s'effectue le mélange de l'acool avec les substances dénaturantes, doivent être placées sur des supports à jour et être complètement isolées, de façon à éviter toute fraude par double fond.

En outre, dans les distilleries, les locaux où s'opèrent les dénaturations, ainsi que les magasins où sont placés les alcools dénaturés, doivent être entièrement séparés des ateliers contenant des appareils de distillation.

A Paris, la dénaturation doit être faite dans les entrepôts réels, étant données les dispositions de la loi du 28 avril 1816 qui interdit l'entrepôt à domicile, toute dénaturation devant être faite en présence du service de la Régie.

Chaque opération doit être précédée d'une déclaration indiquant :

1° L'espèce, la quantité et le degré des spiritueux à dénaturer ;

2° L'espèce, et la quantité des substances dénaturantes à employer ;

3° La nature des produits à fabriquer.

Minimum de dénaturation. — La nécessité où se trouvent les employés de la Régie de toujours assister aux dénaturations a amené l'administration à fixer un minimum des quantités d'alcool à dénaturer.

Elles sont fixées à 20 hectolitres pour chaque opération de dénaturation par le procédé général et à 10 hectolitres pour les industries comportant l'emploi de dénaturants spéciaux.

Cependant des fixations particulières peuvent être autorisées par décrets rendus en Conseil d'État.

Visites et vérifications des employés de Régie. — Les dénaturateurs, ainsi que les industriels fabricants des produits à base d'alcool dénaturé, sont tenus de supporter les visites et les vérifications des employés des Contributions Indirectes qui peuvent prélever, gratuitement, dans les ateliers ou magasins, des échantillons.

Comptes. — Il est tenu chez les dénaturateurs un compte d'alcools en nature et un compte d'alcools dénaturés.

Tout excédent à l'un de ces comptes est saisissable.

Tout manquant est passible de la taxe générale de consommation.

Dans les usines qui utilisent l'alcool dénaturé comme agent de fabrication, il est ouvert, s'il y a lieu, un compte des quantités qui n'auront pas été absorbées au cours des manipulations et qui seront destinées à être ultérieurement régénérées.

Licences. — La taxe de dénaturation est exigible au moment de la dénaturation, mais les personnes autorisées à dénaturer l'alcool peuvent, à charge par elles de se pourvoir d'une licence de marchand en gros, réclamer le crédit des droits.

Dans ce cas, si l'alcool dénaturé est employé sur place, les droits sont exigibles à l'enlèvement. Ils ne le sont pas si l'alcool est expédié à un autre fabricant entrepositaire.

Exportation. — Lorsque les dénaturateurs désirent expédier à l'étranger des alcools dénaturés, ou des produits à base d'alcool, en bénéficiant de la franchise des droits, ils doivent se placer sous le régime de l'entrepôt.

Les alcools leur parviennent alors sous acquits à caution qui sont déchargés par la sortie, à la frontière, des alcools dénaturés ou des produits à base d'alcool exportés.

Dans le cas où des acquits ne seraient pas déchargés en temps utile, les quantités s'y rapportant seraient passibles du paiement du double droit.

Caution. — Que le crédit de l'impôt soit ou non demandé, les industriels sont tenus de présenter une caution solvable qui s'oblige, solidairement avec eux, à payer les droits ou supplément de droits à leur charge.

Livraisons. — Les dénaturateurs ne peuvent livrer d'alcool dénaturé qu'aux personnes autorisées à en faire usage ou commerce.

Ils doivent, tout d'abord, s'assurer que leurs acheteurs ont obtenu l'autorisation nécessaire en exigeant d'eux une demande extraite d'un registre à souche et visée par le chef du service local des Contributions Indirectes.

Lorsqu'une autorisation de dénaturer ou de faire le commerce des alcools est retirée à un dénaturateur ou à un fabricant de produits à base d'alcool, ces derniers doivent expédier leurs stocks à d'autres entrepositaires ou payer immédiatement les droits dont le crédit leur avait été accordé.

L'Administration fixe en outre le délai dans lequel ils sont alors tenus d'écouler les quantités d'alcool dénaturé qu'ils ont en magasin.

Dispositions particulières.

En dehors des dispositions générales qui viennent d'être passées en revue, et dont une partie est relative aux livraisons faites par les dénaturateurs aux industriels autorisés à employer l'alcool dénaturé pour les besoins de leur industrie, il en est d'autres se rapportant à la dénaturation et à la vente d'alcools dénaturés spéciaux.

Alcools de chauffage d'éclairage et d'éclaircissage. — Ce sont les seuls alcools, parmi toute la série des alcools destinés aux usages industriels, dont il peut être fait commerce de gros et de détail sur une demande adressée au directeur départemental des Contributions Indirectes.

Les règlements relatifs aux locaux dans lesquels ces alcools peuvent être dénaturés et conservés, sont, à peu de chose près, les mêmes que ceux qui ont été étudiés au chapitre précédent.

La disposition relative à l'établissement des commandes d'alcool dénaturé sur un registre à souche est applicable aux marchands en gros et aux détaillants.

Réceptions et livraisons. — Dans le but d'éviter, par des approvisionnements importants d'alcools dénaturés, des tentatives de revivification très préjudiciables au Trésor, l'article 35 du décret du 1er juin 1898 a fixé comme suit les quantités maxima, en volume, d'alcool de chauffage, d'éclairage ou d'éclaircissage que les marchands en gros et au détail peuvent recevoir, détenir ou livrer :

Marchands en gros.

Réceptions : 120 hectolitres par semaine.
Détention : 150 hectolitres.
Livraisons : 15 hectolitres par semaine et par destinataire.

Détaillants.

Réceptions : 15 hectolitres par semaine.
Détention : 20 hectolitres.
Livraisons : 25 litres par jour et par acheteur.

L'Administration des Contributions Indirectes peut, sur justifications spéciales, autoriser des réceptions, approvisionnements et livraisons, dépassant les quantités ci-dessus.

Paiement des droits. — Les détaillants ne sont admis à recevoir que des produits libérés de la taxe de dénaturation.

Les marchands en gros peuvent réclamer l'entrepôt à la condition de se munir d'une licence, et de payer les droits, sur les quantités expédiées par eux, à l'enlèvement, exception faite cependant pour les expéditions à l'adresse d'un autre marchand en gros entrepositaire.

Tenue des Comptes. — Les marchands en gros sont soumis à toutes les obligations des marchands en gros de boissons.

Les détaillants, lorsqu'ils ne font de ventes qu'aux simples particuliers et non pas à d'autres débitants, sont exemptés de la tenue du registre des réceptions et des ventes.

Alcools carburés et alcools solidifiés. — Désireuse de faciliter les emplois de l'alcool dénaturé, l'Administration, par une modification à l'article 10 du décret du 1er juin 1898, qui interdit toute addition aux alcools dénaturés et aux produits fabriqués avec ces alcools, a autorisé la carburation des alcools, préalablement dénaturés par le procédé général, à l'aide d'un carburant quelconque : huile de goudron, benzine, naphtaline, etc., ainsi que la préparation de l'alcool solidifié obtenu par le mélange à 80 parties en volume d'alcool dénaturé, de 18 parties en volume de savon et de 2 parties, également en volume, de gomme laque.

Ces alcools, par suite du complément de dénaturation dont ils ont été l'objet, sont placés sous le régime fiscal des vernis et peuvent être reçus, détenus et livrés en toutes quantités sans que le dénaturateur ait à se préoccuper si les acheteurs ont été ou non autorisés à en recevoir.

Approvisionnements des simples particuliers. — Les particuliers dont les besoins en alcool dénaturé pourraient dépasser la consommation normale d'un ménage qui peut s'approvisionner chez un détaillant, sont autorisés à recevoir de l'alcool de chez le dénaturateur ou le marchand en gros, à la condition de se munir, une fois pour toutes, d'une autorisation.

Cette faculté pourrait leur être retirée dans le cas où des abus viendraient à se produire.

Alcools simplement méthylés. — Comme l'obligation de dénaturer à la fois 10 ou 20 hectolitres d'alcool pourrait entraver l'emploi de ce corps dans la petite industrie, les intéressés ont la faculté de se procurer, chez les dénaturateurs, des alcools simplement additionnés de méthylène, à la condition que la dénaturation soit complétée, chez eux, en présence d'un employé de la régie, ou d'effectuer, sous son contrôle, l'incorporation de l'alcool dénaturé dans la fabrication.

Remboursement des frais de dénaturation. — Afin d'encourager les emplois de l'alcool pour l'éclairage, le chauffage et la production de la force motrice, la loi de finances du 25 février 1901 autorise le remboursement, au profit des dénaturateurs, de la portion des frais de dénaturation qui constitue pour eux une dépense réelle.

Ils ont été évalués à 9 francs par hectolitre d'alcool pur soumis à la dénaturation.

Comme ce sont les producteurs d'alcool d'industrie qui sont les premiers à bénéficier d'une mesure qui leur permet d'accroître les débouchés de leurs produits, le législateur a pensé que ce devait être à eux de supporter les frais de ce remboursement de 9 francs. A cet effet, il est prélevé sur tous les alcools sortant de distillerie et dirigés sur le marché intérieur une taxe de fabrication qui fut primitivement fixée à 0 fr. 80 par hectolitre d'alcool pur.

La quotité de cette taxe est revisable annuellement étant donné que, selon la production des alcools et les quantités dénaturées, le montant des allocations pourrait dépasser ou être inférieur à celui des taxes de fabrication. C'est ainsi que le taux de la taxe a été successivement de 0 fr. 80, 1.25, 1.35, 1.65 et 1.72.

Étant donnée l'importance de ce remboursement des frais de dénaturation qui place les préparateurs d'alcools dénaturés dans une situation tout à fait avantageuse et exceptionnelle, il y a lieu de reproduire entièrement l'article 59 de la loi de finances du 25 février 1901 :

« A partir du 1er janvier 1902, et pour leur tenir compte du coût du dénaturant, il sera alloué, à forfait, aux préparateurs d'alcools dénaturés destinés au chauffage, à l'éclairage ou à la production de la force motrice, une somme de neuf francs (9 fr. ») par hectolitre d'alcool pur soumis à la dénaturation. Le taux de cette allocation ne pourra être modifié que par la loi.

« Pour couvrir le Trésor de cette dépense, les distillateurs qui rectifient des flegmes ou qui mettent en œuvre des matières autres que les vins, cidres, poirés, lies, marcs et fruits, sont tenus d'acquitter une taxe de fabrication de quatre-vingts centimes (0 fr. 80) par hectolitre d'alcool pur qu'ils feront sortir de leurs usines sous déduction :

« 1° Des quantités directement exportées ;

« 2° Des quantités à l'état de flegmes dirigées sur d'autres usines pour y être rectifiées.

« Les sommes payées aux dénaturateurs seront portées au débit d'un compte à ouvrir parmi les services spéciaux du Trésor. Ce compte sera crédité du produit de la taxe imposée aux distillateurs au paragraphe 2 ci-dessus.

« Dans le cas où le produit de cette taxe ne suffirait pas à couvrir la dépense, son taux serait relevé par un décret qui devrait être soumis à la sanction des Chambres avant le 1er avril, pour le nouveau taux être applicable à partir du 1er janvier suivant.

« Si le produit de la taxe était supérieur à la dépense, le taux en serait abaissé dans les mêmes conditions. »

Après avoir tout d'abord été appliqué exclusivement aux alcools dénaturés, carburés ou non, destinés au chauffage, à l'éclairage ou à la production de la force motrice, le principe du remboursement du coût de la dénaturation fut étendu à tous les alcools dénaturés par la formule générale, c'est-à-dire par l'addition de 10 0/0 de méthylène (Loi de finances du 30 mars 1902).

Pénalités (1).

La loi du 21 juin 1873 punissait d'un emprisonnement de 6 jours à 6 mois tout fraudeur ayant revivifié, à l'intérieur de Paris, ou de toute autre localité soumise au même régime prohibitif, des alcools dénaturés introduits avec paiement de la taxe réduite.

Les autres fraudes relatives aux alcools dénaturés tombaient sous le coup de l'article 3 de la loi du 21 mars 1874, fixant des amendes de 500 à 5.000 francs.

Ces pénalités étant devenues insuffisantes le jour où la réduction de la taxe de dénaturation de 37 fr. 50 à 3 francs rendit la fraude plus rémunératrice, en faisant courir de nouveaux risques au Trésor, l'article 2 de la loi du 16 décembre 1897 vint les aggraver.

Toute revivification ou tentative de revivification d'alcools dénaturés, toute manœuvre ayant pour objet soit de détourner des alcools dénaturés ou présentés à la dénaturation, soit de faire accepter à la dénaturation des alcools déjà dénaturés, toute vente ou détention de spiritueux dans la préparation desquels sont entrés des alcools dénaturés ou des mélanges d'alcool éthylique et méthylique, sont punis d'un emprisonnement de 6 jours à 6 mois et d'une amende de 5 à 10.000 fr.

1. Circulaire 230 du 15 juin 1898.

Les autres contraventions aux dispositions de la loi ou du règlement sont punies d'une amende de 500 à 5.000 francs.

Le tout sans préjudice du remboursement des droits fraudés et de la confiscation des appareils et liquides saisis.

En cas de récidive, l'amende est doublée.

Les mêmes peines sont applicables à toute personne convaincue d'avoir facilité la fraude ou procuré sciemment les moyens de la commettre.

RÉSUMÉ.

1° La préparation et la vente de l'alcool dénaturé comportent :

a) des dispositions générales ;
b) des dispositions particulières.

Les premières comprennent tout ce qui est relatif aux locaux où se fait la dénaturation, aux visites et vérifications des employés de la Régie, à la tenue des comptes, aux licences et aux livraisons.

Les secondes se rapportent aux dénaturants spéciaux.

2° Les seuls alcools dont il peut être fait commerce de gros et de détail sont les alcools d'éclairage, de chauffage et d'éclaircissage dénaturés à l'aide du dénaturant général.

3° Les quantités maxima qui peuvent être reçues, détenues ou livrées sont :

Marchands en gros.

Réceptions : 120 hectolitres par semaine.
Détention : 150 hectolitres.
Livraisons: 15 hectolitres par semaine et par destinataire.

Détaillants.

Réceptions : 15 hectolitres par semaine.
Détention : 20 hectolitres.
Livraisons : 25 litres par jour et par acheteur.

4° Conformément à la loi de finances du 25 février 1901, le dénaturant est remboursé aux dénaturateurs à raison de 9 francs par hectolitre d'alcool pur soumis à la dénaturation.

III

CONDITIONS DE LA DÉNATURATION DES ALCOOLS.

C'est sur l'avis du Comité consultatif des arts et manufactures qu'ont été successivement publiés les règlements, relatifs aux propriétés que doivent présenter les alcools destinés à être dénaturés, et aux constantes des différents dénaturants.

Alcools éthyliques. — Les alcools ou les flegmes présentés à la dénaturation ne doivent pas contenir plus de 1 p. 100 d'huiles essentielles.

Ils doivent marquer 90 degrés alcoométriques, à la température de 15° centigrades, et ne contenir que de l'alcool éthylique, de l'eau et les impuretés de tête et de queue renfermés normalement dans les alcools d'industrie.

Dénaturants. — *Le dénaturant général* est actuellement composé, pour 100 litres d'alcool éthylique à 90°, de :

Méthylène Régie . . . . 10 litres

auxquels sont ajoutés pour les alcools destinés au chauffage, à l'éclairage et à la production de la force motrice :

Benzine lourde. . . . . . . 0 litre 500.

Lorsque l'on pratique la dénaturation d'alcools titrant plus de 90°, il doit exister un rapport constant entre la quantité de l'alcool pur à dénaturer et la dose du dénaturant (1) ; et l'Administration a fixé comme suit la quotité, pour 100 litres d'alcool pur, des diverses substances à incorporer :

Méthylène . . . . 11 litres 11
Benzine lourde. . . . . . . 55 cent. 55

1. Circulaire n° 375 du 30 décembre 1899

Méthylènes. — Les méthylènes présentés à l'Administration pour être employés à la dénaturation doivent marquer 90° alcooliques, cette détermination étant faite à la température de 15° sans correction.

Ils doivent renfermer :

25 0/0 d'acétone avec une tolérance de 0,5 0/0 en plus ou en moins.

2,5 0/0 au minimum (déduction faite des produits saponifiables par la soude et exprimés en acétate de méthyle) des impuretés pyrogénées qui leur communiquent une odeur vive et caractéristique des produits bruts de la distillation des bois.

65 0/0 d'alcool méthylique.

7,5 0/0 d'eau.

Toute addition de produits étrangers à la distillation du bois est rigoureusement interdite et entraîne, de plein droit, le rejet du méthylène.

Benzine. — Elle doit avoir l'odeur caractéristique des produits lourds de la distillation de la houille, bouillir entre 150 et 200° et se dissoudre, sans trouble, dans quatre fois son volume d'alcool.

Alcools d'éclaircissage. — Pour ces alcools qui sont destinés à être ajoutés à des vernis, ou à servir de matière première à certains industriels qui désirent achever eux-mêmes la préparation de leurs vernis, les 0 litre 500 de benzine sont remplacés par :

4 kilog., au moins, de résine ou de gomme résine.

Dénaturants Particuliers.

En dehors du dénaturant général, les industriels sont autorisés à présenter à l'approbation du Comité consultatif des arts et manufactures, des procédés de dénaturation spéciaux.

La dénaturation doit être alors pratiquée en présence des employés de la Régie.

On trouvera dans les tableaux suivants, dressés par l'Administration, les industries autorisées à employer des alcools dénaturés.

Tableau des Industries autorisées à employer des alcools dénaturés.

Industries	Procédés de dénaturation	Date de l'avis du Comité	Observations
Alcaloïdes, digitaline, atropine, santonine (Fabr. d').	Procédé général.	9 Avril 1873 9 Déc. 1874	
Aldéhydes (Fabricants d').	Mêler l'alcool à 10 p. 100 d'acide sulfurique à 66 degrés ou 20 p. 100 d'acide à 54 degrés.	13 Juin 1874	Le mélange sera versé sur du bichromate de potasse.
Anilines éthylées (Fabricants d').	Mêler l'alcool à l'acide chlorhydrique et la base à éthyler. Mêler à 100 litres d'alcool 20 kilogrammes de chlorhydrate d'aniline.	8 Déc. 1875 18 Fév. 1885 7 Juil. 1886	
Antiseptiques (Fabric. de produits).	Procédé général.	11 Fév. 1891	
Camphre (Fabric. de bromure de).	Procédé général.	13 Juil. 1887	
Chloral (Fabricants de).	Pour 1 litre d'alcool à 95 degrés, présenter 780 grammes de chloral.	2 Nov. 1881	Faire passer un courant de chlore.
Chloroforme.	Suppression de la dénaturation préalable. Dénaturation résulte de la fabrication.	3 Nov. 1886	L'alcool est introduit, en présence du service, dans les alambics où il est mélangé au chlorure de chaux (5 à 6 kilogr. par litre d'alcool).
Chloroforme (Fabric. d').	Procédé général. Mêler l'alcool à 10 p. 100 de résidu de chloral.	*Idem.* 12 Nov. 1884	
Collodion (Fabricants de).	Mêler à volumes égaux l'alcool et l'éther et additionner de 6 grammes de pyroxiline par litre. Pour 1 litre d'alcool à 95 degrés, présenter une quan-	2 Nov. 1881	

Tableau des Industries autorisées à employer des alcools dénaturés (*suite*).

Industries	Procédés de dénaturation	Date de l'avis du Comité	Observations
	tité de collodion d'au moins 2 litres. Ce collodion devra renfermer une partie d'alcool pour une partie d'éther et tenir en dissolution de 12 à 15 grammes de pyroxiline par litre.		
Couleurs dérivées du goudron de houille (Fabricants de).	Mélange de : 50 litres d'alcool ; 50 litres de nitrobenzine ou de nitrotoluène ; 10 grammes de soude caustique dissoute dans 20 litres d'alcool.	11 Oct. 1893	Sous la condition de l'exercice.
Diastase.	L'alcool est ajouté à une solution de malt.	6 Juin 1900	Travail en vase clos. Surveillance aux frais de l'industriel.
Émulsion sensible (photographie).	Procédé général.	17 Juil. 1895	
Éthers.	Mise en œuvre et alcool renfermant plus de 1 p. 100 d'huiles essentielles pour la fabrication de l'éther acétique. Addition de 10 p. 100 de résidus, 10 p. 100 d'acide sulfurique à 66 degrés. Chauffage prolongé à 80 degrés.	1er Oct. 1899	L'alcool est produit sur place et l'établissement soumis à la surveillance permanente des employés.
Idem.	L'alcool mis en œuvre doit avoir une force réelle de 90 degrés au minimum.	13 Déc. 1899	La proportion de méthylène est calculée à raison de 10 litres par 100 litres d'alcool à 90 degrés (90 litres d'alcool pur).
Éther acétique.	Mélange de 100 kilogrammes d'acétate de chaux avec 150 litres de résidus d'éther sulfurique. Addition de 70 litres d'alcool.	11 Mai 1892	La surveillance du service est nécessaire.

Tableau des Industries autorisées à employer des alcools dénaturés (*suite*).

Industries	Procédés de dénaturation	Date de l'avis du Comité	Observations
Éther acétique.	Mélanger à l'alcool à 96 degrés 40 p. 100 en poids d'acide sulfurique à 66 degrés et 60 p. 100 en poids d'acide acétique bon goût à 80 degrés d'acide pur.	10 Juil. 1895	
Idem.	Employé comme dissolvant pour la fabrication et la cristallisation de la diméthyloxyquinizine (parfum chimique solide) : 1er procédé (proportion en poids) : 200 parties d'acétate de soude, soit 152 kilogr. 5. 131 parties d'alcool à 96 degrés, soit 100 kilogr. 261 parties d'acide sulfurique à 66 degrés, soit 199 kilogrammes. 2e procédé (proportion en volume): 20 parties d'acide acétique cristallisable bon ou mauvais goût, 95 litres. 21 parties d'alcool à 96 degrés, soit 100 litres. Demi-partie d'acide sulfurique à 66 degrés, soit 2 lit. 5.	.... 28 Juil. 1897	1° Les intéressés ajouteront en présence des employés du service, une proportion de 5 p. 100 de résidus d'éther acétique provenant d'une opération précédente ; 2° Des échantillons de résidus de la préparation d'éther acétique seront envoyés au laboratoire central des contributions indirectes qui déterminera le produit convenant le mieux pour la dénaturation.
Éthers alcoolisés.	L'alcool employé au coupage des éthers est passible du droit de consommation.	27 Déc. 1900	
Éther chlorhydrique.	Mélange à poids égaux d'alcool à 96 degrés et d'acide chlorhydrique à 21 degrés. Le tiers de l'acide est incorporé au début de l'opération ; les deux tiers sont ajoutés au fur et à mesure de la distillation.	25 Janv. 1897	

Tableau des Industries autorisées à employer des alcools dénaturés (*suite*).

Industries	Procédés de dénaturation	Date de l'avis du Comité	Observations
Éther (Fabricants de).	Mêler l'alcool avec 10 p. 100 de son volume de résidus d'éther du type n° 3. Ajouter au mélange 10 p. 100 d'acide sulfurique à 66 degrés ou 20 p. 100 d'acide à 54 degrés.	18 Août 1883	Le type n° 3 a été fixé par le Comité.
	Laisser dans l'alcool tout le résidu des opérations antérieures et y ajouter 25 p. 100 d'éther brut.	19 Mars 1884	Le procédé de dénaturation par l'acide sulfurique est autorisé pour les fabric[ts] de sulfovinates.
	Mêler l'alcool avec 14 p. 100 de résidus d'éther et 1/2 p. 100 d'acide sulfovinique.	15 Juil. 1885	Le mélange est versé sur une base éthérifiante formée de 100 kilogr. d'acide sulfurique à 66 degrés et 60 litres d'alcool.
Idem.	Mêler à l'alcool moitié de son volume d'acides organiques et éthérifier immédiatement après par le gaz chlorhydrique.	14 Fév. 1894	
Idem.	*Éther acétique.*—Mêler l'alcool avec 20 p. 100 de résidus d'acétate d'éthyle et y ajouter 10 p. 100 d'acide chlorhydrique à 21 degrés.	*Idem.*	
Idem.	*Éther bromhydrique* (Bromure d'éthyle).— Mélanger 25 litres d'esprit à 96 degrés à 26 kilogrammes de brome et ajouter ensuite à ce mélange 2 kilogrammes de phosphore amorphe, dilués dans 3 litres d'alcool à 96 degrés.	25 Oct. 1882	
Idem.	Mélanger 7 lit. 5 d'esprit à 93 degrés avec 8 lit. 5 d'acide sulfurique à 66 degrés et 15 grammes de brome.	20 Fév. 1889 15 Fév. 1889	
Idem.	*Éther chlorhydrique et dérivés.* — Mélanger poids égaux d'alcool à 96 degrés et d'acide chlorhydrique à 21 degrés Baumé.	25 Mai 1883	

Tableau des Industries autorisées à employer des alcools dénaturés (*suite*).

Industries	Procédés de dénaturation	Date de l'avis du Comité	Observations
Éther (Fabricants de).	*Éther iodhydrique* (iodure d'éthyle). — Mélanger 6 lit. d'esprit à 96 degrés, et 4 kilogr. d'iode et 800 grammes de phosphore amorphe.	25 Mai 1883	
Idem.	*Éther nitrique.* Mélanger une partie d'acide azotique à 36 degrés et quatre parties d'alcool à 96 degrés.	*Idem.*	
Idem.	*Éthylate de soude* (Alcool sodé). — Mélanger 8 lit. d'alcool absolu à 500 gr. de sodium.	*Idem.*	
Éther sulfurique.	Pas d'addition de résidus.	31 Janv. 1900	Surveillance permanente aux frais de l'industriel.
Fulminate de mercure (Fabricants de).	Procédé général. Ajouter à l'alcool la totalité des résidus infects provenant des opérations précédentes.	29 Juil. 1894 13 Juin 1894 6 Déc. 1875	
Gazogène (Fabricants de).	Ajouter à l'alcool 25 p. 100 d'essence de térébenthine et 22 p. 100 d'essence minérale. Ajouter à l'alcool 40 p. 100 d'essence de térébenthine.	23 Juil. 1873 23 Oct. 1873	
Glycérophosphate de chaux	L'alcool est ajouté au glycérophosphate de chaux dissous dans un mélange aqueux de sels ammoniacaux et d'ammoniaque.	6 Juin 1900	Travail en vase clos. Surveillance permanente aux frais de l'industriel.
Huiles (Épuration des).	Mélange de l'alcool avec les huiles sous la surveillance du service.	18 Juin 1890	Frais de surveillance à la charge de l'industriel.
Huiles essentielles.	Dissoudre dans un hectolitre d'huiles essentielles renfermant moins de 6 p. 100 d'alcool vinique et titrant au moins 85 degrés, 5 kilog. de résine ou de gomme-résine et 2 lit. de nitrobenzine.	13 Fév. 1895	Emploi à la fabrication des vernis.

Tableau des Industries autorisées à employer des alcools dénaturés (*suite*).

Industries	Procédés de dénaturation	Date de l'avis du Comité	Observations
Insecticides (Fabric. d').	Procédé général.	9 Avril 1873	
Iodoforme (Fabricants d').	*Idem.*	11 Fév. 1891	
Méthylène.	La quotité des impuretés pyrogénées est abaissée de 5 à 2,5 p. 10.	25 Juil. 1894	
Pansement (F. d'objets de)	Procédé général.	21 Mars 1894	
Pharmaceutiques (Fabric. d'extraits).	*Idem.*	18 Oct. 1875	Sous la condition que l'alcool employé à la fabricat°n des extraits est évaporé et ne se retrouve plus dans le produit.
Savons transparents (F. de).	Procédé général.	2 Nov. 1881	
Sucre (Extraction du sucre des mélasses).	L'alcool sera considéré comme dénaturé par le fait de son emploi.	26 Mars 1894	
Tanin.	Addition de noix de galle pulvérisée.	27 Juil. 1898 2 Nov. 1898	Travail en vase clos sous la surveillance des employés.
Tanin (Fab. de)	Procédé général.	9 Avril 1873 9 Déc. 1874	
Vernis.	Les vernis doivent contenir 75 grammes de résine par litre pour avoir le caractère achevé et marchand.	19 Juil. 1899	
Vernis ou teintures pour vernis (Fabricants de).	Mêmes conditions que pour les fabricants d'objets de pansement. Pour les alcools d'éclaircissage, on ajoutera 4 kilogr. de résine ou de gomme-résine.	13 Juin 1894	La même faveur est accordée aux fabricants de vernis pour la chapellerie.
Vert malachite	Suppression.	27 Oct. 1900	

Fourniture du dénaturant par l'État.

Aux termes de l'article 3 de la loi du 16 décembre 1897, les dénaturants doivent être fournis par l'État.

Cependant depuis cette date, soit que les différents ministres des Finances aient craint une complication inutile et coûteuse de leurs services de Régie, soient qu'ils aient pensé qu'il leur serait difficile de fournir le dénaturant aux dénaturateurs dans d'aussi bonnes conditions que celles que crée la libre concurrence, cet article de la loi régissant les alcools dénaturés n'a jamais reçu son application.

IV

ANALYSES

Lorsque le service est appelé à assister à une dénaturation, et quelle que soit l'importance de cette opération, il doit prélever :

1° Un échantillon de méthylène;

2° Un échantillon de l'alcool en nature;

3° Un échantillon de benzine lourde;

4° Un échantillon de l'alcool dénaturé.

Les échantillons cachetés sont ensuite adressées aux laboratoires de l'Administration qui vérifie si les produits prélevés sont au type Régie.

Les analyses sont pratiquées suivant des méthodes parfaitement définies et qui font l'objet de l'annexe C.

Le siège des laboratoires du ministère des Finances (1) et la circonscription de chacun de ces laboratoires sont déterminés conformément au tableau ci-après :

1. Arrêté ministériel du 22 août 1901.

Laboratoires	Direction des Douanes	Direction des Contributions Indirectes
Paris. . . .	Paris . . . . Charleville . .	Aube, Cher, Eure-et-Loir, Indre, Loir-et-Cher, Loiret, Nièvre, Oise, Orne, Seine, Seine-et-Marne, Seine-et-Oise, Yonne.
St-Quentin. .	. . . .	Aisne, Ardennes.
Arras . . .	. . . .	Pas-de-Calais (moins les sous-directions de Boulogne et de St-Omer), Somme.
Lille	Lille . . . . Valenciennes .	Nord (moins la sous-direction de Dunkerque).
Dunkerque. .	Dunkerque . .	Sous-direction de Dunkerque.
Calais . . .	Boulogne. . .	Sous-direction de Boulogne et de Saint-Omer.
Le Havre . .	Le Havre. . .	Sous-direction du Havre.
Rouen . . .	Rouen. . . .	Calvados, Eure, Manche, Seine-Inférieure (moins la sous-direction du Havre).
Nantes . . .	Nantes . . . Brest . . . . Saint-Malo . .	Côtes-du-Nord, Finistère, Ille-et-Vilaine, Indre-et-Loir, Loire-Inférieure, Maine-et-Loire, Mayenne, Morbihan, Sarthe, Deux-Sèvres, Vendée, Vienne.
Bordeaux . .	Bordeaux . . La Rochelle. .	Charente, Charente-Inférieure, Corrèze, Dordogne, Gironde, Lot, Lot-et-Garonne, Tarn-et-Garonne, Hte-Vienne.
Bayonne . .	Bayonne. . .	Gers, Landes, Basses-Pyrénées, Hautes-Pyrénées.
Port-Vendres.	Perpignan . .	Ariège, Pyrénées-Orientales.
Cette. . . .	Montpellier. .	Aude, Aveyron, Haute-Garonne, Gare, Hérault, Tarn.
Marseille . .	Marseille (Inspection de Bastia)	Bouches-du-Rhône, Corse, Var, Vaucluse.
Nice	Nice	Basses-Alpes, Hautes-Alpes, Alpes-Maritimes.
Lyon. . . .	Lyon . . . . Chambéry . .	Ain, Allier, Ardèche, Cantal, Creuse, Drôme, Isère, Jura, Loire, Haute-Loire, Lozère, Puy-de-Dôme, Rhône, Saône-et-Loire, Savoie et Hte-Savoie.
Belfort . . .	Épinal. . . . Besançon. . .	Côte-d'Or, Doubs, Haute-Saône, Territoire de Belfort.
Nancy . . .	Nancy. . . .	Marne, Haute-Marne, Meurthe-et-Moselle, Meuse, Vosges.
Alger. . . .	Direction des Douanes et des Contributions diverses de l'Algérie.	

Il est des analyses qui sont toujours réservées au laboratoire de Paris, ce sont :

1° Celles nécessitées par le service des Administrations centrales du ministère, ainsi que les analyses de contrôle ;

2° Celles qui exigent des opérations d'une nature spéciale.

C'est ainsi que l'étude des dénaturants nouveaux qui pourraient être présentés à l'Administration est pratiquée par le laboratoire central.

Résumé.

1° Les alcools ou les flegmes présentés à la dénaturation doivent marquer 90°, à 15 degrés centigrades, et ne pas renfermer plus de 1 0/0 d'huiles essentielles.

2° Les méthylènes Régie doivent renfermer :

25 0/0 d'acétone ;
2 1/2 0/0 d'impuretés pyrogénées ;
65 0/0 d'alcool méthylique ;
7,5 0/0 d'eau.

3° La benzine Régie doit distiller entre 150 et 200 degrés et se dissoudre, sans trouble, dans quatre fois son volume d'eau ;

4° Les industriels sont autorisés à présenter à l'approbation du Comité consultatif des arts et manufactures des procédés de dénaturation spéciaux.

V

LA CAMPAGNE EN FAVEUR DES EMPLOIS INDUSTRIELS DE L'ALCOOL

L'augmentation de consommation des alcools dénaturés, qui s'est produite ces dernières années, n'a pas été obtenue sans un effort réel, aussi bien de la part des pouvoirs publics que de tous ceux qui, de près ou de loin, ont abordé les problèmes se rattachant à la production, à la vente et au régime fiscal des alcools.

Une place toute spéciale doit, dans cette campagne, être réservée aux concours des appareils utilisant l'alcool dénaturé, à la commission extra-parlementaire de l'alcool de 1902, et aux congrès qui ont précédé la réunion de cette commission.

Concours et commission extra-parlementaire de l'alcool.

C'est à M. Jean Dupuy, ministre de l'Agriculture, que revient l'honneur d'avoir pris la direction du mouvement, entrepris par plusieurs sociétés agricoles, pour parer à la crise traversée par la distillerie, en créant, au ministère de l'Agriculture, une commission de l'alcool dénaturé, et en organisant, en novembre 1901 et en mai 1902, deux grands concours de moteurs et appareils utilisant l'alcool dénaturé.

Ce sont ces deux concours, le premier national, le second international, qui ont montré au public français que l'emploi de l'alcool pour le chauffage, l'éclairage et la force motrice, était entré dans le domaine des réalités pratiques.

Ils ont été le vrai point de départ de l'augmentation de consommation des emplois industriels de l'alcool.

Toutefois, bien des questions restaient à solutionner et

c'est la raison pour laquelle le gouvernement, par décret du 31 octobre 1902 a nommé une commission extra-parlementaire chargée d'étudier, outre la législation fiscale et le contrôle hygiénique, les modes de dénaturation et les formalités de Régie.

Les travaux de la commission, présidée par M. Magnin, sénateur, et qui comptait parmi ses membres MM. Caillaux, Dupuy, Viger, Klotz, Duclaux, Berthelot, Mascart, Bordas, Lindet, Müntz, Schlœsing, Troost, n'ont été terminés qu'en 1905 et ont donné lieu à de nombreuses et savantes discussions. Ils peuvent être résumés comme suit (1) :

1° Dans l'état actuel de la science il y aurait des dangers, pour la rentrée de l'impôt, à modifier la formule de dénaturation et il y a lieu par conséquent de conserver le dénaturant méthylène qui a fait ses preuves ;

2° Il y aurait lieu, dans le but d'éviter la fraude dite « du mouillage », à astreindre les débitants d'alcool dénaturé à apposer sur les récipients une large étiquette portant en caractères très apparents « alcool dénaturé garanti à 90 degrés »;

3° En toutes circonstances, les alcools dénaturés devraient profiter des tarifs de transports les plus réduits, semblables à ceux des pétroles raffinés;

4° Les emballages vides en retour devraient jouir, sur tous les réseaux ferrés, soit de la gratuité concédée par le chemin de fer de l'État, soit tout au moins du tarif au poids afférent à la marchandise à l'aller avec maximum basé sur le barème de la quatrième ou de la cinquième série;

5° L'Administration des Contributions Indirectes devrait continuer, dans la mesure compatible avec les intérêts du Trésor, à rechercher les simplifications qui pourraient être appliquées aux formalités concernant la circulation, la détention et la vente de l'alcool dénaturé ;

1. Paul Taquet. Rapport général de la commission extra-parlementaire de l'alcool.

Ces vœux se rapprochent de ceux précédemment émis par les trois Congrès qui se sont réunis à Paris et ont étudié les moyens à mettre en pratique pour développer les emplois industriels de l'alcool.

Congrès.

Le premier, organisé par le Syndicat de la distillerie agricole, s'est réuni en 1901, sous la présidence de M. Boverat, membre de la Chambre de commerce de Paris, pendant la durée de la première exposition des moteurs et appareils utilisant l'alcool dénaturé.

On trouvera dans les annexes les vœux qu'il a émis (1).

En 1902, l'Automobile-club de France organisa un Congrès international de l'emploi industriel de l'alcool qui fut présidé par M. Michel Lévy de l'Institut.

Comme il avait été résolu que cette assemblée ne voterait pas de résolutions, le Congrès, divisé en commissions, a simplement étudié toutes les questions se rattachant à l'emploi de l'alcool pour la force motrice, l'éclairage et le chauffage, à la chimie de ce corps et enfin à sa dénaturation.

Mais c'est surtout le Congrès des études économiques pour les emplois industriels de l'alcool, organisé en 1903 par M. L. Mougeot, ministre de l'Agriculture, qui devait aborder dans les moindres détails, tous les problèmes posés par les réunions précédentes.

Présidé de façon magistrale par M. Viger, ancien ministre de l'Agriculture, il a donné lieu à des discussions parfois très vives, mais toujours courtoises, et le volume de ses comptes rendus peut être considéré comme une véritable monographie de l'alcool dénaturé.

1. Sidersky. Comptes rendus du Congrès des emplois industriels de l'alcool.

Vœux adoptés par le Congrès des études économiques pour les emplois industriels de l'alcool.

Frais de dénaturation de l'alcool, droits d'analyse, de statistique et de fabrication.

Le Congrès demande :

Que le méthylène à dose massive soit supprimé.

Que la benzine dite Régie soit spécifiée comme devant distiller 90 volumes p. 100, à 160 degrés.

Qu'il soit accordé une freinte ou déchet de dénaturation, fixée à 1/2 p. 100 des quantités d'alcool dénaturé, les excédents et manquants pris en charge et la balance établie tous les trimestres ou tous les semestres.

Que le dénaturant soit fourni, conformément à la loi, par l'État, que dans le cas où le dénaturant ne serait pas fourni par l'État, il ne soit perçu qu'une seule taxe d'analyse par opération quel que soit le volume d'alcool soumis à la dénaturation.

Que cette analyse, exécutée par la méthode officielle, ne dure pas plus de six jours.

Que le droit compensateur de 0 fr. 80 institué par l'article 59, de la loi de finances du 25 février 1901 ne soit pas perçu sur l'alcool d'industrie soumis à la dénaturation.

Le contrôle de l'alcool et les moyens d'en supprimer le mouillage.

Le Congrès émet le vœu :

- Que sur chaque récipient contenant de l'alcool dénaturé, il soit mentionné que le liquide doit titrer 90 degrés alcoométriques et qu'il soit exercé par la Régie une surveillance spéciale à ce sujet.

Étude comparative et économique de l'alcool et des diverses sources d'énergie

Le Congrès, après étude, reconnaît :

Que pour mettre l'alcool dénaturé en situation de lutter avec les autres sources d'énergie, il serait nécessaire que des mesures fussent prises pour que le prix de la vente, au détail, de l'alcool dénaturé à 90 degrés ne soit pas, autant que possible, supérieur à 0 fr. 25 le litre.

Moyens de vulgarisation de l'alcool pour la force motrice, l'éclairage et le chauffage.

Le Congrès émet le vœu :

Que les professeurs d'agriculture et les instituteurs fassent de la propagande en faveur de l'emploi de l'alcool dénaturé, au moyen de conférences pratiques et que, dans ce but, des appareils de démonstration soient mis à la disposition de ces conférenciers par le ministère de l'Agriculture.

Le Congrès approuve la motion suivante :

Que le gouvernement fasse établir par nos gouverneurs des colonies un rapport :

1° Sur la consommation, l'importation et le prix du pétrole ;

2° Sur les débouchés que pourrait trouver l'alcool dénaturé ;

3° Sur les matières premières susceptibles de servir à la fabrication de l'alcool ;

4° Sur les carburants qui pourraient exister dans la colonie (benzines de houille, huiles de suint, etc.).

Que les formalités imposées aux importateurs d'alcool dénaturé dans les colonies ne prennent pas un caractère de prohibition.

Développement de l'industrie familiale par l'emploi de l'alcool dans les petits moteurs.

Le Congrès estime :

Qu'il est désirable, au point de vue social, de prendre toutes les mesures pour favoriser le développement de l'industrie familiale par l'emploi des petits moteurs à alcool, et s'en réfère, pour la question des voies et moyens, au vœu déjà formulé à propos des conclusions du rapport de M. Chauveau.

Les carburants de l'alcool.

Le Congrès félicite M. Sorel des heureux résultats de ses travaux et demande que M. le ministre de l'Agriculture continue à faire poursuivre les intéressantes études entreprises sur la carburation de l'alcool.

Étude des divers dénaturants.

Le Congrès félicite M. Trillat de ses savantes recherches, demande la modification des procédés de dénaturation actuellement existants et prie l'Administration des Finances d'étudier, le plus rapidement possible, le procédé de M. Trillat qui semble donner toutes les garanties nécessaires aux intérêts du Trésor.

Frais de transport des alcools dénaturés.

Le Congrès émet le vœu :

Que pour encourager l'emploi de l'alcool industriel, une revision de nos tarifs de chemin de fer soit provoquée par le ministre des Travaux publics, de manière à mettre les flegmes et les alcools dénaturés à un taux égal au plus à celui qui est appliqué au pétrole, soit par wagons complets, soit en fûts ou en bidons renfermés dans des caisses.

Il demande en outre :

Que les divers emballages qui ont servi au transport des alcools dénaturés voyagent en retour à un tarif tel que le maximum de transport ne puisse jamais être supérieur à 0 fr. 25, par hectolitre de contenance, quelle que soit la distance parcourue.

Il exprime le désir « que tous ces tarifs soient les mêmes pour l'ensemble des Compagnies. »

Le Congrès adopte ensuite les vœux de MM. Blondel, Remy et Havard qui sont renvoyés à l'examen de la Commission permanente chargée de poursuivre la réalisation des vœux adoptés par le Congrès.

L'alcool considéré comme matière première des diverses industries.

Le Congrès adopte le vœu :

Que tous les alcools considérés comme matière première des diverses industries soient exonérés de droits, que la dénaturation soit appropriée à l'emploi auquel ils sont destinés et que, pour les alcools qui doivent ne subir aucune dénaturation, il soit établi des usines exercées.

Que, de plus, une étude spéciale soit faite des diverses préparations de pharmacie et de parfumerie à base d'alcool afin de rechercher la possibilité d'assimiler tout ou partie de ces préparations aux emplois de l'alcool dénaturé.

Les usines cadenassées.

Le vœu suivant est adopté :

Le Congrès demande, en faveur des industriels français employant l'alcool non dénaturé comme matière première de leurs fabrications, le droit d'établir des usines placées sous la surveillance de la Régie et dans lesquelles cet alcool entrera en franchise de tout droit intérieur.

Circulation des véhicules automobiles dans les villes.

Le Congrès exprime le vœu :

Que l'emploi de l'alcool carburé soit encouragé dans les automobiles circulant dans les villes. Il demande que le vœu formulé par M. Barbet soit renvoyé à l'examen de la Commission permanente chargée de poursuivre la réalisation des desiderata formulés par le Congrès.

Utilisation des mélasses pour l'alimentation des animaux.

Le Congrès émet le vœu :

Que les plus grandes facilités soient accordées à l'agriculture pour la consommation des mélasses destinées à l'alimentation des animaux de la ferme et qu'il soit procédé à des études pour permettre d'utiliser, dans le même but, les sucres roux indemnes de droit.

De l'influence de l'alcool dénaturé sur la viticulture.

Le Congrès émet le vœu :

Que l'État prenne des mesures efficaces pour sauvegarder les droits du producteur viticole en ce qui concerne ses eaux-de-vie naturelles et la sincérité du produit.

Rapports et communications relatifs au prix de l'alcool dénaturé et aux moyens d'en assurer la fixité.

Le Congrès a renvoyé à la Commission permanente, chargée de poursuivre la réalisation des desiderata formulés par le Congrès, la plupart des projets relatifs à la fixité et à l'abaissement du prix de l'alcool industriel.

Toutefois elle a repoussé ceux de ces projets portant dénaturation obligatoire des alcools dans les usines de rectification.

Parmi les vœux émis par le Congrès, on remarquera qu'il en est un qui, loin d'être adopté par la Commission extraparlementaire de l'alcool, a été, au contraire, repoussé par elle,c'est celui relatif à la diminution de la dose de méthylène actuellement employée pour la dénaturation.

Les raisons de cette divergence de vue seront étudiées plus loin en détail.

Dispositions législatives.

En dehors des Congrès et des Commissions, le parlement, par deux articles de loi, a cherché à favoriser les emplois industriels de l'alcool.

C'est ainsi qu'il a voté l'article 59 de la loi de finances du 25 février 1901 dont il a été question précédemment. En outre les articles 2 et 3 de la loi du 29 novembre 1905, instituent deux prix :

L'un de 20.000 francs au profit de celui qui découvrira, pour l'alcool, un dénaturant plus avantageux que le dénaturant actuel et offrant au Trésor toutes les garanties contre la fraude ;

L'autre de 50.000 francs au profit de la personne qui découvrira un système d'utilisation de l'alcool pour l'éclairage, dans les mêmes conditions que le pétrole.

Voici comment la Commission des méthodes d'analyse du ministère des Finances a fixé le programme à remplir par les concurrents :

Dénaturant.

1° Le dénaturant doit offrir une odeur et une saveur qui le fassent repousser de la consommation de bouche; ainsi devraient être éliminés le moût de vin ou de dattes, les essences de thym, de romarin, d'aspic, l'infusion de laurier-rose, etc. ;

2° Il ne doit pas présenter une odeur trop forte, trop repoussante susceptible de nuire aux emplois domestiques et industriels de l'alcool dénaturé, ce qui exclut l'emploi de l'acétylène, de l'assa-fœtida, de l'essence d'ail, etc. ;

3° Il ne peut être constitué par une substance soluble qui, en laissant des dépôts sur les lampes ou dans l'ajutage des lampes, entraverait la combustion de l'alcool dénaturé, comme le sel marin, le sulfate de soude, l'alun, le chlorhydrate d'ammoniaque, le ferrocyanure, l'acide picrique, l'infusion de vinasses et de marcs moisis, de jus de tabac, de teinture d'aloès, etc. ;

4° Il ne peut être constitué par une substance sensiblement plus volatile ou moins volatile que l'alcool, ce qui, indépendamment d'autres inconvénients, permettrait de l'éliminer par distillation fractionnée. Parmi les substances à exclure pour ce motif, il est signalé, dans la première catégorie : l'éther, le sulfure de carbone, les essences légères de pétrole ou de houille, etc..., dans la seconde: l'essence de térébenthine, le crésyl, le phénol, le pétrole, les goudrons de houille, de boghead, de bouleau, le camphre, la naphtaline, etc. ;

5° Il ne doit renfermer aucune substance susceptible d'attaquer les organes métalliques des lampes ou des moteurs, telle que l'ammoniaque, la nitrobenzine, les phénols chlorés, l'acide sulfurique, le sulfure de carbone, etc. ;

6° Il ne doit pas être toxique, comme le bichlorure de mercure, le cyanure de méthyle, l'arséniate de soude, l'aniline; ni renfermer des substances vénéneuses, comme les extraits de jusquiame, d'aconit, de digitale, etc. ;

7° Il doit être assez économique pour ne pas entraver les emplois industriels et domestiques de l'alcool dénaturé ;

8° Il ne doit pas exister notamment dans les alcools de commerce ;

9° Il faut que sa présence dans l'alcool dénaturé puisse être facilement et sûrement constatée ;

10° Il doit enfin, selon les termes mêmes de la loi, être plus avantageux que le dénaturant actuel et offrir au Trésor toutes les garanties contre la fraude.

Utilisation de l'alcool pour l'éclairage.

Toute latitude est laissée aux inventeurs, pourvu que, conformément à la loi, le système présenté permette d'utiliser l'alcool dans les mêmes conditions que le pétrole.

Les inventeurs devront adresser, avec une notice détaillée, à l'appui, leurs propositions, systèmes ou appareils à M. le chef du service des laboratoires du ministère des Finances, 11, rue de la Douane, à Paris.

Résumé.

La campagne en faveur des emplois industriels de l'alcool a abouti grâce :

1° *a*) aux Congrès ;

b) aux Concours des appareils utilisant l'alcool dénaturé ;

c) aux Commissions extra-parlementaires de l'alcool.

2° aux dispositions législatives (Remboursement du coût du dénaturant. Prime).

VI

DOCUMENTS STATISTIQUES

L'alcool a comme principales matières premières :

La betterave, les topinambours, les grains, les mélasses, les vins, marcs et fruits, et, qu'il soit préparé avec l'une quelconque d'entre elles, il peut aller aussi bien à la consommation de bouche qu'aux usages industriels.

On trouvera dans les tableaux suivants :

1° La production annuelle des alcools, par nature de substances mises en œuvre, depuis 1870;

2° La production, le prix et la consommation des alcools depuis cette même date.

On remarquera que les quantités fabriquées chez les distillateurs et les bouilleurs de profession sont exactement connues tandis que celles provenant des bouilleurs de cru ne sont indiquées qu'approximativement, ce qui tient à la situation privilégiée dont jouissent ces derniers.

Production, prix et consommation des alcools depuis 1876.

Années	Quantités fabriquées — chez les distillateurs et bouilleurs de profession	Quantités fabriquées — chez les bouilleurs de cru (Évaluation)	Total de la fabrication	Prix moyen par hectolitre d'alcool	Quantités imposées	Quotité moyenne par habitant	Pour mémoire — Production des vins	Pour mémoire — Production des cidres
	hectol.	hectol.	hectol.	frs	hectol.	lit.	hectol.	hectol.
1874	1.348.000	184.000	1.532.000	75	970.599	2 69	63 146.000	13.312.000
1875	1.472.000	377.000	1.849.000	54	1.019.052	2,82	83.836 000	18.257.000
1876.....	1.408.000	301.000	1.709.000	43	1 000.182	2,71	41.847 000	7 036.000
1877.....	1.172.000	137.000	1.309 000	68	1.039.683	2,79	56.405.000	13.345.000
1878.....	1.260.000	157.000	1.417.000	58	1.100.512	2,98	48.720.000	11.936.000
1879.....	1.404.000	84.000	1 488.000	63	1.161.649	3,22	25.770.000	7.738.000
1880....	1.556.000	25.000	1.581.000	68	1.313.829	3,64	29.677.000	5.465.000
1881.....	1.791 000	31.000	1.822.000	63	1.444.055	3,91	34.139.000	17.122.000
1882.....	1.733.000	34.000	1.767.000	56	1.420.344	3,85	30.886.000	8.921.000
1883.....	1.971.000	40.000	2.011.000	50	1.484.020	3,96	36.029.000	23 492.000
1884.....	1.873.000	62.000	1.935.000	44	1.488.685	3,98	34.781.000	11.907 000
1885....	1.795.000	69.000	2.864.000	47	1.444.342	3,86	28.536.000	19.955.000
1886....	1.980.000	72.000	1.052.000	50	1.119.901	3,53	25.063 000	8.300.000
1887.....	1.952.000	53.000	2.005.000	49	1.467.630	3,84	21.333.000	13.437.000
1888.....	2.105 000	57.000	2.162 000	45	1.468.416	3,87	30.102.000	9.767.000
1889.....	2.186.000	60.000	2.246 000	49	1 516.927	4,00	23.224.000	3.701.000
1890.....	2.171.000	43.000	2.214.000	54	1.162.801	4,35	27.416.000	11.095.000
1891.....	2.157.000	51.000	2.208.000	49	1.669.184	4 37	30.139.000	9.280.000
1892.....	2 196 000	67.000	2.263.000	46	4.735.367	4,56	29.082.000	15.141.000
1893	2.317.000	159.000	2.476.000	41	1.642.366	4,32	50.070.000	31.609.000
1894.....	2.115 000	214.000	2 329.000	36	1.539.395	4,04	39.053.000	13.541.000
1895	2.037.000	129.000	2.166.000	31	1.549.045	4,07	26 688.000	25.587.000
1896.....	1.888.000	134.000	2 022 000	36	1.590 892	4,19	44.656.000	8.074.000
1897.....	2.101 000	107.000	2.208.000	42	1.633 968	4,28	32.351.000	6.789.000
1898	2.336.000	76.000	2.412.000	46	1.799.665	4,70	32.282 900	10.637.000
1899.....	2 509.000	91.000	2.600 000	42	1.754.868	4,59	47.908.000	20.836.000
1900.....	2.452 000	204 000	2.656.000	35	1 782 891	4,66	67.353 000	29.409.000
1901.....	(1) 2.152.000	286.000	2.428.000	28	1.346.635	3,52	57.964.000	12.734.000
1902.....	1.751.000	136 000	1 887.000	31	1.258.963	3,26	39.884.000	9.211.000

1 Dans ce chiffre se trouve comprise la production des bouilleurs de cru assimilés aux bouilleurs de profession.

Production annuelle des alcools par nature de substances mises en œuvre depuis 1876 (Alcool pur).

(FRANCE)

Années	ALCOOLS PROVENANT DE LA DISTILLATION								Total
	des substances farineuses	des melasses	des betteraves	des vins	des cidres	des marcs, lies, etc.	des fruits	de substances diverses	
1876..	101.402	710.670	243.337	545.994	22.388	76.227	1 228	7.929	1.709.175
1877...	163 204	642.709	272.883	157.570	9.468	56.191	1.060	5.796	1.308.881
1878...	180.469	646.715	331 716	192.952	9.822	51 079	978	3.496	1.417.227
1879...	247.171	723 631	364.714	102.651	7 265	36.831	438	5.118	1.487.879
1880...	412.585	658.433	429.878	27.200	3.317	17.373	624	4.658	1.581 068
1881...	506 273	685 616	563.240	34.324	2.291	24.621	603	4 289	1.821 287
1882 ..	447.066	703.989	556.056	21.962	9 829	22.893	713	4.058	1.766.566
1883...	561.932	750.637	629.998	22.710	8.088	28.918	1.408	7.325	2 211.016
1884...	485.001	778.714	569.257	35.251	15.567	43.266	2.799	4.609	1.934.464
1885...	567.768	728.523	465.451	23.240	20.908	43.853	7.680	7.028	1.864.514
1886...	789.963	474.781	684.985	19.513	28.600	49 311	4.424	4.673	2.052.250
1887...	765 050	451.826	672.352	32.758	13 595	41.872	2.386	25.796	2.005.635
1888...	794.326	582.452	654.700	41.776	12.933	44.092	4.016	28.188	2.162.483
1889...	751.266	559.911	824.090	42.140	15.298	43.881	2.820	6 537	2.245.963
1890...	645.235	682.573	800 982	38.799	4 803	34.374	1.160	6.581	2.214.527
1891...	392.537	838.645	866 406	51.133	7 759	37.748	5.878	8.013	2.208.119
1892...	366.335	902.446	854.329	69.639	13.589	46.210	4.348	6.183	2.263 079
1893...	437.877	806.572	861 099	100.829	44.761	74.773	28.222	12 254	2.476.387
1894...	415.795	847.525	753.508	161.660	72.135	77.274	29.011	2 205	2.329.113
1895...	386.604	846.403	744.325	61.202	45.517	62.592	14.698	3.907	2.165.448
1896...	416 530	863.423	544 087	58.652	53.759	78.429	6.051	1.203	2.022.131
1897...	484.637	734.819	798.484	83 719	26.579	72.909	6.311	682	2.208.140
1898...	683.566	708.270	897.512	45.975	9.352	55.207	4 781	7.767	2.412 460
1899...	714.772	667.493	1.047.320	77.006	19.760	68.768	2.893	1.514	2 599.558
1900...	562.455	766.675	973.225	149 407	47.043	93 460	33.147	856	2.656.268
1901...	269.074	1.006.933	578.628	330.966	115.220	114.893	21.557	693	2.437.964
1902...	219.339	914.898	520.707	105.745	33.609	80.238	11.940	278	1.886.754
1903...	352.928	670.969	926.159	26.810		21 175	621	207	2.001.143
1904...	380.710	626.722	992.149	88.509		61.613	9.309	175	2.181.362

La lecture des tableaux qui précèdent, et en particulier la quotité moyenne d'alcool consommé par tête d'habitant, montre à quel point il est important, autant dans l'intérêt de l'hygiène que dans celui de la prospérité de l'agriculture qui fournit aux distilleries sa matière première, de développer les emplois industriels de l'alcool.

Les tableaux suivants donnent le détail des alcools dénaturés de 1879 à 1905.

Subdivisions des quantités d'alcool (alcool pur) soumises au droit de dénaturation de 1879 à 1889.

(FRANCE)

DÉSIGNATION DES PRODUITS	QUANTITÉS TOTALES SOUMISES AU DROIT DE DÉNATURATION PENDANT LES ANNÉES										
	1879	1880	1881	1882	1883	1884	1885	1886	1887	1888	1889
	hect.	hect.	hect.	hect.	hect.	hect.	hect.	hect.	hect.	hect.	hect.
Vernis	12.340	14.106	12.033	10.900	10.837	10.872	10 065	10.209	9.815	9.782	9.619
Alcools blancs d'éclaircissage	2.742	2.694	4.058	6.026	6.026	6.591	7.865	10.181	9.688	9.017	8.033
Matières tinctoriales (Chapellerie)	693	1.049	711	530	450	460	489	378	327	307	747
Gazogènes pour l'éclairage	696	695	941	1.409	1.465	1.484	1.917	1.882	1.949	2.332	2 613
Gazogènes pour le chauffage	2 664	4.382	6.881	7 409	9.055	11.180	16.754	19.628	24 604	27.466	31.767
Insecticides	3	1	1	1	5	2	1	2	6	14	4
Ether	1.422	2.189	3.649	4.730	4.731	3.858	4.293	6.798	29.851	18 875	45 769
Aldéhydes	10	9	9	1	2	2	3	4	2	2	31
Fulminates, alcaloïdes	720	704	867	1.107	1.361	1.555	1 782	2.103	2 491	2.380	2.345
Usages divers	1.695	1.707	2.278	3.728	5.666	5.390	6 116	8.011	6.667	7.058	6 709
Totaux	22.985	27 540	31.428	36.481	39 601	43.803	49.285	59.196	85.400	107.063	108.240

Subdivisions des quantités d'alcool (alcool pur) soumises au droit de dénaturation de 1890 à 1897.

(FRANCE)

DÉSIGNATION DES PRODUITS	QUANTITÉS TOTALES SOUMISES AU DROIT DE DÉNATURATION PENDANT LES ANNÉES							
	1890	1891	1892	1893	1894	1895	1896	1897
	hect.	hect.	hect.	hect.	hect.	hect.	hect.	hect.
Alcools de chauffage et d'éclairage	41.130	51.773	57.022	58.692	67.224	70.570	73.379	80 411
Vernis	12.170	11.781	10.876	11 740	11.205	11.845	12.488	13 133
Alcools d'éclaircissage (ébénisterie).	2.516	4 214	1.145	1.715	1.258	938	1.627	1.713
Matières plastiques (celluloid, phibrolithoïd, etc.)	1.820	1.363	1.316	1.603	1.276	2.200	2.806	3.508
Chapellerie.	635	592	523	801	575	555	600	570
Teintures et couleurs.	432	210	377	450	268	184	216	176
Présure liquide	98	115	82	108	101	113	99	115
Collodion (et soie artificielle à partir de 1901)	210	198	175	199	262	141	167	96
Chloroforme	196	280	215	304	286	239	128	129
Chloral	152	167	123	129	121	167	159	126
Tanins	109	130	118	140	153	149	150	154
Produits chimiques, produits pharmaceutiques et produits divers (extraits, alcaloïdes, insecticides, savons transparents, etc.)	676	640	598	623	605	539	616	984
Usages scientifiques	231	255	280	237	333	327	361	383
Ethers, fulminates de mercure, explosifs.	48.873	37.061	32 093	30.198	37.136	46.273	45.754	45.31
Totaux	109.842	105 782	104.947	106.639	120.798	134.240	138.560	146.529

Subdivisions des quantités d'alcool (alcool pur) soumises au droit de dénaturation de 1898 à 1904.

(FRANCE)

DÉSIGNATION DES PRODUITS	QUANTITÉS TOTALES SOUMISES AU DROIT DE DÉNATURATION PENDANT LES ANNÉES						
	1898	1890	1900	1901	1902	1903	1904
	hect.	hect.	hect.	hect.	hect.	hect.	hect.
Alcools de chauffage et d'éclairage.	93.906	109.767	125.618	153.005	228.000	262.036	289.748
Vernis	15.657	17.396	14.762	13.481	12.019	11.580	12.433
Alcools d'éclaircissage (ébénisterie)	2.506	1.287	2.750	2.902	2.455	2.502	1.890
Matières plastiques (celluloïd, phibrolithoïd, etc.)	9.635	9.430	7.198	5.069	6.967	20.095	18.771
Chapellerie	384	304	113	419	424	365	234
Teintures et couleurs.	185	188	156	196	195	532	391
Présure liquide.	182	146	123	128	128	142	111
Collodion (et soie artificielle à partir de 1901).	115	123	186	3.586	3.374	146	272
Chloroforme.	250	296	52	96	116	377	174
Chloral.	137	210	308	240	206	246	302
Tanins	163	193	496	228	146	798	1.549
Produits chimiques, produits pharmaceutiques et produits divers (extraits, alcaloïdes, insecticides, savons transparents, etc.). .	1.435	1.918	3.863	2.202	1.533	11.386	6.905
Usages scientifiques	539	492	386	429	287	519	864
Éthers, fulminates de mercure, explosifs, etc.	48.184	74.263	61.873	69.584	69.668	63.879	89.917
Totaux.	173.198	216.015	221.214	251.565	325.518	374 598	423.561

La consommation d'alcool dénaturé a donc atteint, en 1901, environ le cinquième de la fabrication totale de l'alcool, augmentant ainsi de 202.347 hectolitres depuis l'année 1900.

France. — Année 1904.

Consommation annuelle d'alcool par habitant.

Population : 38.000.000 habitants.

A). — Production	5 l. 740
B). — Consommation de bouche . .	4 l. 625
C). — Alcool industriel	1 l. 114
D). — Éclairage et chauffage. . . .	0 l. 762

RÉSUMÉ

1° La consommation de l'alcool dénaturé a passé de 23.000 hectolitres, en 1879, à 423.000 hectolitres en 1904.

2° La production de l'alcool a passé de 1.532.000 hectolitres, en 1874, à 2.180.000 hectolitres, en 1904.

CHAPITRE III

LA DÉNATURATION DE L'ALCOOL EN ALLEMAGNE

I

L'ALCOOL ET SES DROITS DE CONSOMMATION

Droits de Régie. — La législation actuelle de la distillerie allemande date de 1887.

Les droits de Régie frappant les alcools de consommation de bouche sont assez difficiles à déterminer exactement étant donné qu'ils ne comportent pas, comme en France, un impôt fixe, mais une série de taxes variables suivant les distilleries où les alcools ont été préparés.

Dans le but de réduire la surproduction dont souffrait, en Allemagne, la fabrication des alcools, la loi allemande a introduit un système dit « du contingent » qui limite la production de chaque usine suivant les besoins de la consommation.

Le contingent est, de ce fait, sujet à des variations et donne lieu, tous les cinq ans, à une révision générale.

Toutes les distilleries sont soumises au contingent et leur production annuelle est ainsi limitée et frappée d'un droit de 62 fr. 50 par hectolitre d'alcool pur.

Tout hectolitre d'alcool pur fabriqué en plus donne lieu à une taxation supplémentaire 86 fr. 125.

En dehors de ce droit général de consommation *qui frappe tous les alcools*, il en est d'autres qui dépendent exclusivement de leur provenance et qui ont été successivement modifiés par les lois de 1895 et de 1902.

C'est ainsi que les distilleries ont été rangées par l'accise allemande en trois classes principales :

1° *Distilleries industrielles.* — Cette catégorie comprend les distilleries qui fabriquent l'alcool en achetant autour d'elles leurs matières premières (pommes de terre, betteraves ou grains) sans avoir, en aucune façon, à intervenir dans les questions de culture.

Elles sont soumises à deux sortes de droits :

1° Un droit additionnel variant de 20 à 25 francs par hectolitre d'alcool pur;

2° Une taxe de distillation variant de 5 à 8 fr. 325 par hectolitre d'alcool pur.

Cependant les distilleries industrielles fabriquant annuellement moins de 200 hectolitres sont exemptées de la taxe de distillation.

D'une façon générale ce sont du reste les distilleries peu importantes qui supportent les droits les moins élevés.

2° *Distilleries agricoles.* — Elles comprennent, comme en France, toutes les usines travaillant les produits cultivés par leurs propriétaires et elles sont tout particulièrement favorisées par la législation allemande.

C'est ainsi qu'elles sont, la plupart du temps, exemptées de la taxe de distillation, et que le droit additionnel peut être abaissé pour elles à 10 marks sans jamais dépasser 25 francs.

Elles ont, en outre, la faculté de se racheter de ces différents droits en payant l'impôt « de la cuve matière » qui est déterminé d'après le volume des cuves de fermentation et qui varie de 0 fr. 982 à 1 fr. 63 par hectolitre.

Cet avantage que donne la loi aux distilleries agricoles est des plus intéressants, car non seulement il permet au distillateur de connaître exactement le tarif des droits qu'il aura à supporter, mais il favorise encore les améliorations qu'il peut apporter dans sa fabrication.

On conçoit, en effet, que plus ses fermentations seront conduites proprement, avec soin, et par conséquent ses rendements élevés, plus sera grande sa situation privilégiée par rapport aux autres distillateurs.

3° *Distilleries « Matière ».* — Sous cette dénomination sont rangées toutes celles qui emploient, pour la fabrication de l'alcool, des fruits, vins, marcs, poirés, etc.

Elles sont soumises à un droit de 0 fr. 135 à 1 fr. 06 par hectolitre de matière mise en œuvre.

Il y a lieu de remarquer que cette catégorie de distilleries, qui répond aux bouilleurs de crus français, est exercée et qu'il en résulte, pour l'accise allemande, une grande facilité pour la répression complète de la fraude.

Totalité des droits. — D'une façon générale, on peut dire que le montant de tous les droits et taxes ne dépasse jamais une somme globale de 125 francs par hectolitre d'alcool pur.

II

ALCOOLS DÉNATURÉS

Exemption des droits. — Primes. — Les alcools soumis à la dénaturation sont exemptés de la plupart des taxes frappant les alcools destinés à la consommation de bouche.

Ils n'acquittent ni la taxe de consommation de 62 fr. 50, ni l'impôt de la cuve matière, ni le droit de distillation.

En outre la taxe supplémentaire de 25 francs qui est perçue sur tout hectolitre fabriqué en plus du contingent ne l'est pas lorsque l'alcool est destiné aux usages industriels.

Cette exemption constitue une véritable prime indirecte, à laquelle vient s'ajouter la prime réelle de 7 fr. 55 que touche le distillateur par tout hectolitre d'alcool pur dénaturé.

Cette dernière prime est constituée grâce à l'impôt de distillation.

II

DÉNATURATION

Il existe deux sortes d'alcools dénaturés :

1° Les alcools dénaturés à l'aide du dénaturant général ;

2° Les alcools dénaturés à l'aide de dénaturants particuliers.

Dénaturant général. — Le dénaturant général est un mélange de :

> 4 parties d'alcool méthylique impur,
> et 1 partie de bases pyridiques,

et les règlements prescrivent l'emploi de 2 litres 1 2 de ce mélange pour 1 hectolitre d'alcool.

En outre, comme l'odeur des bases pyridiques pourrait, dans certains cas, entraver l'emploi de l'alcool ainsi dénaturé, les dénaturateurs sont autorisés à ajouter 50 grammes de lavande ou de romarin par hectolitre d'alcool dénaturé.

Les alcools additionnés d'alcool méthylique impur et de bases pyridiques, et qui circulent librement, sont destinés, en grande partie, au chauffage, à l'éclairage et à la force motrice et portent le nom générique « d'alcool à brûler ».

Toutefois pour les alcools servant spécialement à la force motrice, la dénaturation par 2 l. 1/2 de dénaturant général peut être remplacée par l'addition de :

> 1 litre 1/4 de dénaturant général,
> 1/4 de litre d'une solution de Violet de méthyle,
> et 2 à 20 litres de benzol.

III

RÈGLEMENTS ADMINISTRATIFS

Autorisation. — La dénaturation au dénaturant général ne peut être pratiquée que par autorisation spéciale de l'Administration qui attache en outre une grande importance aux dispositions des locaux et des vases où doit être faite cette opération.

Quantités à dénaturer. — *Analyses.* — Le mélange du dénaturant et de l'alcool peut être effectué, soit dans des récipients spéciaux, soit dans les fûts servant au transport de l'alcool, mais la quantité minimum à soumettre à la dénaturation ne peut être inférieure à 1 hectolitre.

Les agents du fisc assistent à la dénaturation et prélèvent des échantillons tant sur l'alcool que sur les dénaturants.

Ce n'est que lorsque ces échantillons ont été examinés par les chimistes attachés à l'accise, et qu'ils ont été reconnus au type, que l'industriel obtient la libre disposition de son alcool dénaturé.

Tenue des livres. — Les dénaturateurs doivent tenir à jour un livre officiel qui est toujours à la disposition des employés de l'Administration et sur lequel sont portées les quantités d'alcool reçues, dénaturées et vendues. En fin d'année, les comptes sont balancés et tout manquant donne lieu au paiement du droit de consommation, sauf dans le cas d'explications satisfaisantes.

Ventes. — La vente en gros de l'alcool dénaturé est subordonnée à l'obtention d'une licence.

Les demandes doivent être adressées à l'Administration centrale de l'accise qui se réserve le droit de les refuser ou, si elle les a accordées, d'en retirer le bénéfice à son gré.

Toute demande de licence doit être précédée d'une notification à la police qui possède des droits de contrôle très étendus en vue de combattre la fraude.

L'alcool dénaturé au dénaturant général peut servir pour tous les emplois sauf ceux qui, de près ou de loin, touchent à la consommation de bouche.

Pour la vente au détail, l'État, dans le but de favoriser les emplois industriels de l'alcool, a supprimé la patente et le débitant n'a qu'à prévenir l'Administration fiscale, quinze jours à l'avance, pour obtenir le droit d'avoir un dépôt.

Alcools méthylés. — On doit, en dehors du dénaturant général et des dénaturants particuliers qui seront étudiés plus loin, réserver une place spéciale aux alcools dénaturés par l'addition de 5 litres d'alcool méthylique impur à 1 hectolitre d'alcool à 90 degrés, car, quoique la circulation n'en soit pas libre, ils sont l'objet d'un assez important commerce.

La dénaturation sur ces bases peut être faite, soit chez les dénaturateurs, soit chez les industriels, qui doivent employer les alcools ainsi dénaturés, après une demande spéciale adressée à l'Administration.

Lorsque cette opération a lieu chez le dénaturateur elle est soumise à des règlements de même nature que ceux régissant la dénaturation au dénaturant général et celui-ci doit tenir un livre de contrôle sur lequel sont portés les quantités d'alcools dénaturées, les noms des acheteurs, et les quantités vendues.

Licences d'achat. — Avant toute livraison, le dénaturateur doit s'assurer que son client est en possesion d'une licence d'achat d'alcool méthylé.

Ces licences, qui ne sont accordées par l'Administration qu'après enquête sur les emplois auxquels l'alcool méthylé est destiné, n'ont une validité que d'une année et comportent une quantité maximum d'alcool.

A chaque vente le vendeur est tenu de faire état des quantités précédemment livrées et de s'assurer que l'acheteur n'a pas reçu plus d'alcool que sa licence ne le comporte.

L'acheteur doit remplir un livre de contrôle portant les

quantités reçues, les quantités employées, ainsi que leur usage spécial et enfin conserver l'alcool dénaturé dans les locaux spécialement destinés à cet effet.

Ces livres de compte de régie doivent être présentés à toute réquisition des employés de l'accise.

Circulation. — Les alcools destinés à être ainsi dénaturés, soit chez les dénaturateurs, soit chez les industriels eux-mêmes, circulent sous acquits.

Dénaturants particuliers.

L'État autorise pour certaines industries l'emploi de toute une série de dénaturants.

Les méthodes de dénaturation sont, sur la demande des industriels, étudiées par les chimistes de l'Administration et les autorisations accordées suivant les conclusions de leurs rapports.

Règlements. — La dénaturation ne peut avoir lieu que dans les usines où l'alcool doit être employé et sous le contrôle des agents du fisc qui prélèvent des échantillons à soumettre à l'analyse. Les frais en sont supportés par l'industriel.

Des comptes matières sont tenus comme pour la dénaturation au dénaturant général et, en fin d'année, une balance est faite entraînant le paiement des droits de consommation pour toutes les quantités manquantes.

Régénération. — Dans les industries où l'alcool ne sert que de véhicule momentané, les industriels sont autorisés à le faire entrer à nouveau dans leur fabrication.

Toutefois, dans le cas où ils le destineraient à un nouvel usage, ou dans celui où ils l'auraient soit complètement, soit partiellement débarrassé de son dénaturant, ils sont tenus de le dénaturer à nouveau en présence des employés de l'Administration.

Tableau des Industries autorisées à employer des alcools dénaturés particuliers.

Industries	Procédés de dénaturation par hectolitre d'alcool à 100 degrés
Alcaloïdes (pancréatine, etc.). Santaline . . . . Aldéhydes . . . . Acétate de plomb . . . . . Blanc de Céruse. . . . . . Bromure ou chlorure d'éthyle. Chloral	10 litres d'éther sulfurique, ou 1 litre de benzol, ou 500 cm³ d'essence de térébenthine, ou 25 cm³ d'huile animale.
Chloroforme	300 grammes de chloroforme.
Collodions	10 litres d'éther sulfurique, ou 1 litre de benzol, ou 500 cm³ d'essence de térébenthine, ou 25 cm³ d'huile animale.
Celluloïd et pegamoïd. . . .	1 kilogr. de camphre, ou 2 litres d'essence de térébenthine, ou 500 cm³ de benzol.
Encres et laques colorées . .	500 cm³ d'essence de térébenthine, ou 25 cm³ d'huile animale.
Éther acétique	10 litres d'éther sulfurique.
Glucosides.	10 litres d'éther sulfurique, ou 1 litre de benzol.
Iodoforme	200 grammes d'iodoforme.
Laques pour éclaircissage . .	2 litres de méthylène, et 2 litres d'essence de pétrole, ou 500 cm³ d'essence de térébenthine.
Lampes à souder . . . . . Rubans de soie (apprêts des) . Nettoyage de bijouterie . . .	500 cm³ d'essence de térébenthine.
Matières colorantes . . . . artificielles et dérivées.	10 litres d'éther, ou 1 litre de benzol, ou 500 cm³ d'essence de térébenthine, ou 25 cm³ d'huile animale.
Préparations scientifiques . .	1 litre d'alcool méthylique pur et 1 litre d'essence de pétrole.

Tableau des Industries autorisées à employer des alcools dénaturés particuliers (*suite*).

Industries	Procédés de dénaturation par hectolitre d'alcool à 100 degrés
Plaques & papiers photographiq^es	10 litres d'éther ou 1 litre de benzol.
Salicylates et acide salicylique.	10 litres d'éther, ou 1 litre de benzol.
Savonnerie.	1 kilogr. d'huile de ricin, et 400 cm³ de lessive de soude.
Vinaigre.	200 lit. de vinaig. à 3 °/₀ d'acide acétiq. ou 150 » » 4 °/₀ » » 100 » » 6 °/₀ » » 75 » » 8 °/₀ » » 60 » » 10 °/₀ » » 50 » » 12 °/₀ » » 30 » » 6 °/₀ » auxquels seraient ajoutés 70 litres d'eau et 100 litres de bière.

Ventes d'alcools exempts de droit et non dénaturés.

En dehors des facilités accordées par l'Administration pour la dénaturation, l'État autorise la vente de l'alcool pur, sans aucune dénaturation, dans les deux cas suivants :

1° Dans les hôpitaux, asiles et établissements scientifiques publics, ayant fait une demande régulière, dans laquelle est indiqué l'usage exact auquel l'alcool est destiné, soit qu'il doive servir à la désinfection des instruments chirurgicaux, destables d'opération, des appareils à inhalations, etc., etc., soit qu'il doive être employé à des expériences de laboratoires (1).

1. On a souvent excipé du fait que l'État allemand autorisait l'emploi de l'alcool pour les usages médicaux, pharmaceutiques, préparation de médicaments à base d'alcool, de potions ou liniments, pour demander en France une facilité similaire, mais depuis octobre 1902, à la suite d'abus considérables, cette faculté a été retirée.

Les autorisations d'emploi, portant les quantités recevables, sont revisables tous les trois ans et la moindre infraction au règlement interdisant la sortie de ces alcools des locaux où ils doivent être utilisés, ainsi que leur consommation comme boisson par le personnel de l'hôpital, donnent lieu à des poursuites très sévères.

2° Pour la fabrication de la poudre sans fumée et des fulminates.

Les consommateurs sont obligés de tenir un livre de réceptions et de consommation et tout manquant, lors des visites des employés du fisc, donne immédiatement lieu à une amende, ainsi qu'au paiement des droits de consommation.

Pénalités.

L'application rigoureuse de la loi permettant, en Allemagne, d'éviter presque complètement la fraude, nous croyons utile de donner ci-dessous, en détail (1), les pénalités qui frappent le fraudeur :

ART. 17

Quiconque cherche à changer le droit de consommation ou à obtenir indûment la remise de cet impôt se rend coupable de fraude sur le droit de consommation.

ART. 18

La fraude sur le droit de consommation est spécialement considérée comme commise :

1° Si l'alcool est distillé à d'autres époques, en d'autres lieux, avec d'autres appareils que ceux indiqués dans le plan d'exploitation ;

2° Si, pour les petites distilleries (art. 13), les déclarations prescrites par l'Administration ne sont pas faites ou le sont

1. Basset. *Rapport sur le régime des alcools en Allemagne.*

inexactement, ou si les registres prescrits ne sont pas tenus, ou le sont inexactement;

3° Si les vapeurs alcooliques ou les alcools sont détournés;

4° Si on dispose arbitrairement d'alcool au contrôle fiscal ;

5° Si l'alcool, pour lequel on a accordé exemption ou réduction des droits (art. 1, alinéa 4, n° 2 et art. 12), est employé à d'autres usages que ceux prescrits.

Art. 19

Il y a assimilation à la fraude sur le droit de consommation :

1° Si les appareils à distiller, mis hors de service par un scellé officiel ou de toute autre manière par ordre de l'Administration, sont indûment mis en service ;

2° Si une fermeture officielle, faite en vertu des dispositions de la ou des ordonnances rendues conformément à ces dispositions, ou bien une partie quelconque des appareils à distiller, y compris les bacs et appareils de contrôle, vient à être endommagée;

3° Si, dans une distillerie où est installé un appareil de contrôle, on a recours à des pratiques de nature à troubler son fonctionnement régulier ou si on y emploie sciemment un appareil donnant des indications inexactes;

4° Si on achète ou met en circulation de l'alcool qu'on sait, ou peut supposer, être l'objet d'une fraude relativement au droit de consommation.

Art. 20

L'existence de la fraude est établie dans les cas prévus aux articles 18 et 19. Toutefois, s'il est constaté que la fraude n'a pu être exercée ou s'il n'est pas constaté qu'elle a été intentionnelle, il n'y a lieu qu'à une amende, conformément à l'article 26.

Art. 21

Quiconque commet une fraude sur le droit de consommation encourt une amende égale au quadruple du montant du droit détourné ou du montant du droit de l'exonération indûment réclamée, mais de 5 marks au minimum.

Si le montant du droit détourné ne peut pas être établi, l'amende sera de 5.000 à 10.000 marks.

Outre l'amende, il y aura lieu de payer le droit ou de rembourser le montant de l'exonération indûment perçue.

Le droit de consommation et l'amende sont calculés, s'il a été fait usage d'un appareil à distiller mis hors de service, d'après la quantité d'alcool pur qui aurait pu être obtenue par une exploitation ininterrompue durant les trois mois antérieurs à la découverte de la fraude, à moins que l'on ait la preuve d'une fraude plus considérable ou d'une exploitation moins importante.

En cas de détournement ou d'enlèvement de vapeurs alcooliques ou d'alcool, ou de dérangement intentionnel de l'appareil de contrôle, le droit de consommation et l'amende seront calculés sur une durée de trois mois, à moins qu'on ait la certitude d'une durée plus longue ou d'une fraude plus considérable.

En même temps que l'amende, la peine de l'emprisonnement, jusqu'à une année, peut être prononcée contre l'auteur et les complices dans le cas ci-dessus.

Art. 22

Le fait de prêter son concours à une fraude est puni d'une amende pouvant s'élever à 150 marks.

Art. 23

En cas de récidive, après condamnation, l'amende prévue à l'article 21 sera doublée. Toute récidive ultérieure entraînera jusqu'à trois années de prison.

Toutefois, sans préjudice de la disposition de l'article 21 (alinéa 3), l'amende indiquée pour la première récidive pourra être portée au double, au gré du juge, en tenant compte de toutes les circonstances de la récidive et des cas antérieurs punis de prison et d'amende.

ART. 24

La récidive entraîne l'élévation de la peine, que la condamnation antérieure ait été prononcée dans le même État de la Confédération ou non.

L'élévation de la peine doit avoir lieu, alors même que la peine antérieure aurait été remise en partie ou en totalité, sauf dans le cas où trois années se seraient écoulées entre la condamnation, subie ou non, et l'accomplissement du nouveau délit.

ART. 25

(Abrogé par la loi du 7 avril 1889.)

ART. 26

Les contraventions aux dispositions de la présente loi concernant le droit de consommation, ainsi qu'aux ordonnances rendues conformément à cette loi, seront punies d'une amende de 1 mark à 300 marks, s'il n'y a pas d'autres pénalités prévues pour la fraude.

ART. 27

Seront également punis d'amende, conformément à l'article 26 :

1° Ceux qui offriraient, permettraient ou donneraient des présents ou autres avantages à un employé ou à ses proches pour obtenir des facilités de fraude du droit de consommation, en tant qu'il ne s'agira pas des faits visés par l'article 333 du Code pénal;

2° Ceux qui se rendraient coupables d'actes ou de négligences tendant à empêcher un employé d'exercer régulièrement ses fonctions, en tant qu'il ne s'agira pas des faits visés par les articles 113 et 114 du Code pénal.

ART. 28

Le propriétaire d'une distillerie dans laquelle se produit un détournement de vapeurs alcooliques ou d'alcools, ou un dérangement prémédité de l'appareil de contrôle, est, en sa qualité et indépendamment des poursuites contre le coupable, passible d'une amende de 50 à 500 marks.

Si on découvre dans une distillerie des aménagements ou dispositions secrètes ayant pour but de détourner ou retirer des vapeurs alcooliques ou de l'alcool, ou de troubler le fonctionnement de l appareil de contrôle, le propriétaire encourra, comme tel, une amende de 500 à 5.000 marks.

Si, dans une distillerie, on vient à endommager une fermeture officielle ou l'une des parties des appareils à distiller (art. 19, n° 2), de façon à détourner ou à enlever des vapeurs alcooliques ou des alcools, le propriétaire encourra, comme tel, une amende de 25 à 250 marks.

Dans le cas des alinéas 1 à 3, il n'y a lieu à punition, que s'il est établi que la contravention a été commise du consentement ou au vu du propriétaire de la distillerie.

ART. 29

Les propriétaires de distilleries n'exploitant pas eux-mêmes peuvent demander à l'administration de transférer au gérant, agissant en leur nom, la responsabilité qui leur incombe aux termes de l'article 28.

Si la demande est accordée, la responsabilité pénale passe au gérant, sans préjudice de l'obligation subsidiaire de représentation, conformément à l'article 32. L'autorisation peut toujours être révoquée.

Dans les cas prévus aux alinéas 1 à 3 de l'article 28, il n'y a pénalité que s'il est établi que la contravention a été commise à la connaissance ou avec le consentement du gérant de la distillerie.

Art. 30

Si des propriétaires de distillerie sont condamnés pour fraude du droit de consommation, soit par fabrication clandestine, soit par détournement de vapeurs alcooliques ou d'alcools (art. 18, nos 1 à 3), ou par dérangement intentionnel de l'appareil de contrôle, *il devra leur être interdit de ne jamais exercer cette industrie par eux-mêmes.*

Toutefois, l'Administration pourra faire des exceptions en faveur des coupables.

Art. 31

Indépendamment des amendes prononcées, l'Administration peut contraindre à l'observation des règles prescrites par la présente loi et les ordonnances relativement au contrôle *en menaçant et frappant d'amendes sans appel jusqu'à 500 marks,* et, si les contribuables négligent de se conformer aux mesures prescrites en vue du contrôle, elle peut faire prendre ces mesures aux frais du contribuable. Le recouvrement des dépenses ainsi faites a lieu de la même manière que celui des droits de douane et avec le privilège attribué à ces droits.

Art. 32

Les industriels et commerçants, y compris les propriétaires de distilleries, répondent, à l'égard du droit de consommation, pour leurs gérants, employés et membres de leur famille en état d'exercer une influence sur l'exploitation de l'industrie.

Ils sont également responsables, aux termes de l'article 66 de la loi du 8 juillet 1868, s'ils ont négligé d'empêcher la contravention.

Dans le cas où un gérant ou un employé déjà condamné pour fraude en matière de droits sur les alcools, serait installé, ou maintenu sciemment, les autres dispositions de l'article 66 de la loi du 8 juillet 1868 seraient applicables.

ART. 33

En cas de contravention multiples ou répétées contre les dispositions de la présente loi ne comportant que l'amende, si ces contraventions sont de même nature et découvertes en même temps, l'amende devra comprendre une seule et même somme contre le même auteur et contre plusieurs complices.

ART. 34

La conversion des amendes irrecouvrées en contrainte par corps s'opère conformément aux articles 28 et 29 du Code pénal.

Pour la récidive, en cas de fraude du droit de consommation, la contrainte par corps ne peut excéder deux ans, et, pour une contravention frappée d'une amende comme dans le cas de l'article 31, trois mois.

ART. 35

Les poursuites pour fraude en matière du droit de consommation se prescrivent par trois ans; celles pour contraventions punissables d'amende, par un an. Les poursuites en vertu des dispositions des articles 28 et 29 se prescrivent par les mêmes délais que pour l'auteur de la fraude lui-même.

ART. 36

Les règles de procédure applicables aux contràventions en matière de douane s'appliquent en matière de contraventions aux dispositions de la présente loi relatives au droit de consommation et aux ordonnances qui s'y rapportent.

De même pour la réduction ou la remise de la peine.

ART. 37

Les amendes prononcées en vertu de la présente loi sont perçues au profit de l'État par les tribunaux duquel le jugement a été rendu.

Art. 38

Toute recherche à faire ou toute décision à prendre par une autorité compétente, aux termes de l'article 36, pour contraventions aux dispositions de la présente loi et aux ordonnances qui s'y rapportent peuvent être étendues aux complices appartenant à d'autres États confédérés.

La peine doit être exécutée, en cas de besoin, à la requête des autorités et fonctionnaires compétents de l'État confédéré sur le territoire duquel la mesure doit être appliquée.

Les autorités et fonctionnaires des États confédérés doivent se prêter réciproquement et sans retard l'assistance requise pour toutes mesures légales se rapportant à la poursuite des contraventions à la présente loi.

IV

CONSTANTES DU DÉNATURANT ET DES ALCOOLS A DÉNATURER

Le dénaturant méthylène employé en Allemagne doit renfermer au minimum 30 0/0 d'acétone et titrer 90 degrés.

La pyridine doit présenter une couleur claire et ne pas se troubler à l'eau.

Les alcools soumis à la dénaturation doivent marquer, au minimum, 87 degrés à l'alcoomètre et ne pas renfermer plus de 1 0 0 d'huile de fusel (1).

1. Cette interdiction de dénaturer les alcools ayant moins de 87 degrés est très importante car, grâce à la gravité des pénalités que l'Administration de l'Accise a le droit d'appliquer, elle supprime la fraude par allongement d'eau si préjudiciable au développement des emplois de l'alcool pour le chauffage, l'éclairage et la force motrice. Bien souvent, en effet, le consommateur accuse l'alcool de méfaits qui ne sont dus qu'à la proportion d'eau trop élevée que ce corps peut renfermer.

ANALYSES :

Instructions pour les essais du méthylène.

Couleur. — Elle ne doit pas être plus foncée que celle d'une solution obtenue en versant 2 cm³ d'iode au 1/10e normale dans 1 litre d'eau.

Distillation. — 100 cm³ sont placés dans un ballon à col court, de 180 à 200 cm³, et chauffés sur une plaque d'amiante présentant une ouverture de 30 m/m de diamètre.

Le ballon est surmonté d'un tube à distillation fractionnée, de 12 m/m de diamètre et de 170 m/m de longueur, relié à un condenseur de Liebig ayant au minimum une longueur de 400 m/m.

Le tube de distillation présente une boule dans laquelle plonge un thermomètre officiel gradué de 0 à 200° centigrades.

Vitesse de la distillation : 5 cm³ par minute.

Le distillatum est recueilli dans une éprouvette graduée. A la pression de 760 m/m de mercure, il doit avoir passé 90 cm³ minimum lorsque le thermomètre marque 75° centigrades

Si le baromètre ne marque pas 760 m/m pendant la durée de la distillation, on ajoute 1° centigrade par variation de 30 m/m de mercure.

Traitement par l'eau. — 20 cm³ de méthylène, additionnés de 40 mc³ d'eau, ne doivent pas se troubler ou tout au plus donner une solution légèrement opaline.

Acétone. — 1° Séparation par une solution de soude.

20 cm³ de méthylène sont ajoutés à 40 cm³ d'une solution de soude de 1,300 de densité.

Après une demi-heure 5 cm³ d'alcool au maximum doivent se séparer.

2° Titrage.

1 cm³, d'un mélange de 10 cm³ de méthylène et de 90 cm³ d'eau, est ajouté à 10 cm³ de soude double normale.

On verse dans ce mélange, et en agitant, 50 cm³ d'iode au 1/10e normale.

On laisse poser trois minutes,on rend le liquide acide avec un excès d'acide sulfurique et l'on titre l'excès d'iode avec une solution au 1/10e normale d'hyposulfite de soude.

Pour que le méthylène soit au type, le nombre de CC. d'iode combiné avec l'acétone doit être au minimum de 22.

Décoloration du Brome. — Dans 100 cm³ d'une solution de $BKrO^3$ et KBr, acidifiée par 20 cm³ d'H^2SO^4 (D = 1.290), on verse, goutte à goutte, et en agitant l'alcool à essayer jusqu'à décoloration complète.

Elle doit être obtenue avec au plus 30 cm³ d'alcool et au moins 20 cm³.

La solution de bromure est obtenue par la dissolution de 2,447 gr. de $BKro^3$ et 8,719 de KBr pur et sec dans l'eau. On complète ensuite à un litre.

Essais de la pyridine.

Couleur. — Elle ne doit pas être plus foncée que celle d'une solution obtenue en versant 2 cm³ d'iode au 1/10e normal dans un litre d'eau.

Essai au chlorure de cadmium. — 10 cm³ d'une solution de 1 cm³ de bases pyridiques dans 100 cm³ d'eau sont additionnés de 5 cm³ d'une solution à 5 0/0 de chlorure de cadmium.

Il doit se produire un précipité cristallin assez prononcé.

Point d'ébullition. — 100 cm³ de bases pyridiques sont distillées dans un ballon à col court, de 180 à 200 cm³ de capacité, surmonté d'un tube de distillation muni d'une boule.

La distillation est réglée de façon à ce qu'il distille 5 cm³ par minute, et 90 0/0 du liquide doit avoir distillé avant 140 degrés centigrades,sous une pression barométrique égale à 760 m/m.

Dissolution.—20 cm³ de bases pyridiques mélangées à 40 cm³ d'eau doivent donner une solution claire ou à peine opaline.

Teneur en eau. — Par l'addition de 20 cm³ de lessive de soude à 1,4 de densité, à 20 cm³ de bases pyridiques, il ne doit pas se séparer plus de 18 cm³ 5 de bases.

Titrage.— 1 cm³ de bases pyridiques est dilué dans 10 cm³ d'eau, puis additionné d'acide sulfurique normal jusqu'à réaction acide au papier congo.

La quantité d'acide employée ne doit pas être inférieure à 10 cm³.

Le papier congo s'obtient en plongeant du papier à filtre dans une solution d'un gramme de rouge congo dans 1 litre d'eau distillée.

V

DOCUMENTS STATISTIQUES

Les courbes et les tableaux suivants qui indiquent la production et la consommation de l'alcool en Allemagne de 1890 à 1904, permettent de se rendre un compte exact de la situation de l'alcool destiné aux usages industriels dans ce pays.

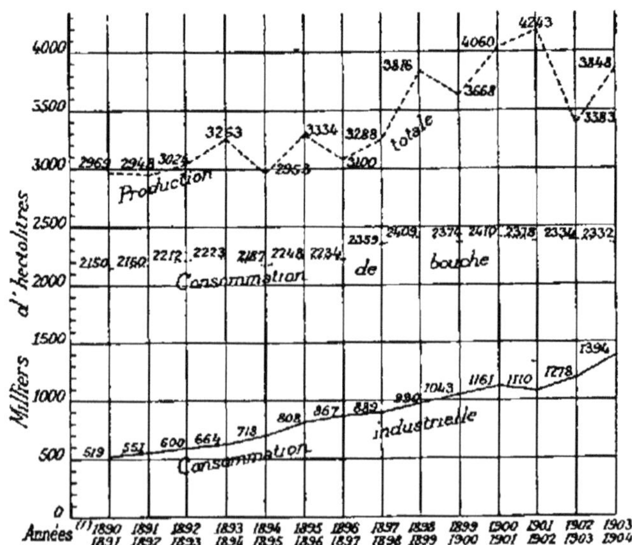

1. Les campagnes de distillerie commencent en Allemagne au 1ᵉʳ octobre de chaque année.

Tableau tiré du rapport présenté au Parlement anglais le 11 avril 1905 par le Comité chargé de l'étude des questions se rattachant à l'alcool industriel.

Alcools dénaturés ne payant pas les droits de consommation (1).

Allemagne	Dénaturant général	Dénaturants particuliers	Alcools non dénaturés	Total
1900/1901 . .	782.295	339.754	33.820	1.155.869
1901/1902 . .	704.729	345.894	59.427 (2)	1.110.050
1902/1903 . .	900.190	360.730	17.792	1.278.712
1903/1904 . .	984.487	410.120	»	1.394.607

DÉTAIL DES DÉNATURATIONS EFFECTUÉES EN 1901, 1902 & 1903.

Dénaturants	*1901*	*1902*	*1903*
Dénaturant général : 2 lit. 1/2 méthylène (D G.) et pyridine . . .	782.295	704.729	810.735
Alcools carburés (force motrice) renfermant 1 1/2 de dénaturant général et de 2 à 20 °/₀ de benzol	»	»	29 455
Total des quantités dénaturées à l'aide du D. G.	782.295	704.729	900.190
Dénaturants particuliers :			
5 litres méthylène	18.689	18.164	20.338
Pour la vente :			
1/2 litre térébenthine	607	607	639
Vinaigre.	166.329	160.287	155.838
0,025 litre huile animale . .	66.748	75.831	79.836
1/2 litre térébenthine . . .	50.334	51.733	54.460
5 litres méthylène	2.803	2.240	2.379
10 litres éther.	11.495	11.210	11 473
1 kilogr. camphre	9.396	9.604	11.510
2 litres térébenthine	5.001	4.935	7.403
1 litre benzol	1.879	3.051	4.105
1/2 litre benzol	1.144	2.356	3.525
1 kilogr. huile de ricin . .	1.737	1.710	1.808
0,4 kilogr. solution soude . 20 litres	1.684	1.586	1.795
5 litres pétrole	993	1.052	992
300 grammes chloroforme .	296	671	586
1/2 litre bases pyridiques .	210	509	539
200 grammes iodoforme . .	356	324	322
300 gr. bromure d'éthyle. .			132
1 litre méthylène pur, 1 litre benzine	6		43
2 litres méthylène ordinaire, 2 litres benzine.	47	24	7
Total des quantités dénaturées à l'aide des D. P.	339.754	345.894	360.730

1. En hectolitres d'alcool pur à 100 pour 100.

2. L'augmentation de l'année 1901-1902 en alcools non dénaturés doit provenir de ce que les intéressés ont connu, un an d'avance, la décision du gouvernement allemand de faire payer les droits de consommation aux alcools destinés aux usages pharmaceutiques et qu'ils ont créé des stocks.

Tableau des industries ayant employé des alcools dénaturés à l'aide de dénaturants spéciaux.

INDUSTRIES	HECTOL. D'ALCOOL PUR		
	1901	*1902*	*1903*
Vinaigre	171.264	164.062	164.754
Vernis	66.672	65.116	68.095
Ethers	18.265	55.747	51.609
Extraits, alcaloïdes et matières colorantes	28.070	32.610	38.637
Celluloïd	15.797	16.684	22.438
Couleurs et laques	2.741	3.460	5.397
Savons	1.737	1.710	1.808
Fulminates	700	1.650	1.651
Brasserie	1.447	1.328	1.421
Vaselines	1.143	1.052	992
Chloroforme	296	760	586
Iodoforme	369	324	322
Ether acétique	245	415	464
Bromure d'éthyle	»	»	132
Pansements	»	»	345
Produits pharmaceutiques	425	425	435
Produits photographiques	»	»	631
Matières caoutchoutées	235	258	374
Encres	112	30	217
Produits divers	236	283	422
Totaux	339.754	345.894	360.730

ALLEMAGNE. — Année 1903-1904.

Consommation annuelle de l'acool par habitant.

Population : 60.000.000 habitants.

	L.
A). Production	6.415
B). Consommation de bouche	3.886
C). Alcool Industriel	2.334
D). Éclairage et chauffage	1.640
E). Dénaturation incomplète	0.683

VI

ORGANISATION SYNDICALE POUR LA VENTE DE L'ALCOOL.

Les brillants résultats obtenus, en Allemagne, par les distillateurs, pour la vente de l'alcool destiné aux usages industriels ne l'ont pas été sans un très sérieux effort.

La distillerie allemande, en effet, a connu des crises aussi graves que la distillerie française et ce n'est que grâce à une législation particulièrement favorable et à une organisation syndicale très puissante qu'elle a pu les traverser sans succomber.

Mesures législatives. — Vers 1885-1887, la production d'alcool atteignait le chiffre formidable de 4.000.000 d'hectolitres alors que la consommation de bouche ne dépassait pas 3.000.000 et que les emplois industriels absorbaient à peine 200.000 hectolitres; il en résultait un alourdissement des cours vraiment ruineux.

Ce fut le système du contingent, dont il a été question plus haut, qui sauva la situation, non seulement en limitant la fabrication de chaque usine, mais en exemptant du droit supplémentaire de 25 francs, qui frappe tout hectolitre d'alcool produit en dehors du contingent, les quantités destinées soit à l'exportation, soit aux usages industriels.

C'était à la fois réglementer la vente de l'alcool de consommation de bouche et inciter les distillateurs à chercher un nouvel écoulement de leurs produits dans le chauffage, l'éclairage et la force motrice.

La loi de 1895, accordant une prime supplémentaire de 7 fr. 50 par hectolitre à l'alcool dénaturé, vint encore donner un nouvel encouragement aux promoteurs du mouvement en faveur de l'alcool.

Cependant ces mesures, auxquelles vinrent s'ajouter de nouvelles facilités, par la suppression de la patente pour la vente au détail et par des tarifs réduits pour les transports des alcools dénaturés, auraient été insuffisantes si l'initiative privée n'avait donné un exemple vraiment remarquable et digne d'être imité.

Organisation syndicale. — Sentant que la nécessité où se trouvait l'agriculture allemande d'augmenter, d'une façon constante, ses emblavements de pommes de terre allait provoquer une surproduction considérable d'alcool et amener un avilissement proportionnel des prix, les distillateurs, oubliant leurs intérêts divers, réussirent, après plusieurs années d'efforts, à créer en 1899 un vaste groupement syndical en vue de la vente en commun de leurs alcools.

Ce syndicat, sous le nom d'Union Syndicale des distillateurs, cède toute sa production au groupement des rectificateurs « la Centrale fur Spiritus Wervertung » (Société Centrale pour la mise en valeur de l'alcool) qui la met en vente aux meilleures conditions possibles.

Les bénéfices nets obtenus chaque année, après déduction des frais généraux et des frais de publicité, sont répartis à raison de 9 0/0 aux distillateurs et 10 0/0 aux rectificateurs.

Grâce à ce groupement, qui réunit en une seule main la presque totalité de la production allemande, on put assister à l'élévation progressive des prix de vente de l'alcool destiné à la consommation de bouche et à une réduction proportionnelle de celui allant aux usages industriels.

Le Comité directeur de la Centrale a compris, en effet, que les consommateurs accepteraient, sans aucune protestation, une élévation de prix de quelques francs par hectolitre et qu'avec la masse ainsi constituée, il serait possible de réduire, à 0 fr. 30 ou 0 fr. 31 le litre, le coût de l'alcool dénaturé.

En outre, la Société n'a pas hésité à consentir des dépenses très élevées de publicité et de recherches scientifiques pour provoquer un écoulement toujours plus considérable des emplois de l'alcool pour le chauffage, l'éclairage et la force motrice.

Dotant richement des concours destinés à faire connaître les lampes et réchauds les plus pratiques et les plus économiques, créant une station d'essais de moteurs à alcool, livrant gratuitement des lampes et de l'alcool aux administrations publiques et à certaines villes, fondant, dans de nombreux centres, des magasins où les consommateurs pourraient trouver tous les appareils utilisant l'alcool dénaturé (1), l'essor pris par les emplois de l'alcool pour l'éclairage fut des plus rapides et le succès le plus complet répondit à l'effort des propagateurs du mouvement en faveur des emplois industriels de l'alcool.

L'initiative privée a donc prouvé, une fois de plus, sa puissance et, depuis 1899, la consommation de l'alcool dénaturé a passé de 1.000.000 à 1.500.000 hectolitres, s'accroissant donc de 33 0/0 c'est-à-dire d'une quantité plus grande que la consommation française.

1. D'après M. Sidersky (Congrès des applications de l'alcool dénaturé décembre 1902) les crédits de publicité de la Centrale furent les suivants :

Pour les concours.	Fr.	625.000
Pour la création de magasins de vente	Fr.	128.750
Pour la construction d'une station d'essais de moteurs.	Fr.	531.375

Résumé.

1° En Allemagne le droit de consommation n'est pas unique.

Il comprend : A) Le système du contingent qui limite la production de chaque distillerie et les frappe d'un impôt de 62 fr. 50 par hectolitre d'alcool pur ;

B) Une taxe progressive variant suivant l'importance des usines.

2° Le dénaturant général est un mélange de :

> 4 parties d'alcool méthylique impur ;
> 1 partie de bases pyridiques.

dont on ajoute 2 litres 1/2 à chaque hectolitre d'alcool soumis à la dénaturation.

3° Pour la force motrice, la dénaturation par 2 litres 1/2 de dénaturant général peut être remplacée par l'addition de :

> 1 litre 1/4 de dénaturant général ;
> 1/4 de litre d'une solution de violet de méthyle ;
> 2 à 20 litres de benzol.

4° La vente de l'alcool, dénaturé à l'aide du dénaturant général, est libre et simplement subordonnée à l'obtention d'une licence.

5° L'Administration autorise l'emploi de dénaturants spéciaux sous le contrôle des agents du fisc.

6° Les hôpitaux, les établissements scientifiques et les fabriques d'explosifs, sont autorisés à recevoir de l'alcool exempt de droits et n'ayant subi aucune dénaturation.

7° Depuis octobre 1902 l'emploi de l'alcool, sans dénaturation, pour les usages médicinaux et pharmaceutiques, n'est plus autorisé.

8° La production de l'alcool s'est élevée en Allemagne, en 1905, à 3.848.000 hectolitres et la consommation pour les emplois industriels à 1.394.000 hectolitres.

9° Le grand écoulement de l'alcool dénaturé provient de l'organisation syndicale, pour la vente, des distillateurs allemands.

10° La sévérité de la loi à l'égard des fraudeurs, et la rigueur avec laquelle elle est appliquée, enrayent toute tentative de fraude et permet l'emploi d'une faible dose de dénaturant.

CHAPITRE IV

LA DÉNATURATION DE L'ALCOOL EN AUTRICHE-HONGRIE

Droits de consommation — Les droits frappant les alcools de consommation ne sont pas les mêmes en Autriche qu'en Hongrie.

Dans le premier de ces pays ils s'élèvent à environ 91 francs, par hectolitre d'alcool pur, et dans le second à environ 105 francs.

Alcools dénaturés. — Les lois et règlements régissant la dénaturation des alcools sont presque identiques à ceux qui ont été étudiés pour l'Allemagne.

Frais de dénaturation. — Cependant l'opération n'est pas gratuite, et comporte une taxe atteignant 15 francs par hectolitre d'alcool dénaturé.

Dénaturants. — La composition des dénaturants est secrète, mais des renseignements, puisés aux meilleures sources, permettent de dire que le dénaturant général, après avoir été composé par hectolitre d'alcool d'un mélange de:

« 2 litres de méthylène;
« 1/2 litre de bases pyridiques;
« et des traces de phénolphtaléine;

est aujourd'hui de:

« 3 litres de méthylène;
« 1 2 litre de bases pyridiques. »

Cette augmentation de la dose de méthylène a été provoquée par la constatation, par l'Administration, de tentatives de revivification d'alcools dénaturés.

En outre, à l'occasion de l'exposition des emplois de l'alcool, tenue à Vienne en 1904, l'État a créé un alcool dénaturé spécial pour moteur, coloré par le violet de Paris, et renfermant, outre une faible proportion de méthylène, des traces de pyridine et 2 1/2 0/0 de benzol.

Les diverses industries utilisant l'alcool sont autorisées à employer, sous la surveillance des agents du fisc, des dénaturants particuliers.

C'est ainsi que pour les vernis, la fabrication du fulminate de mercure et les manufactures de chapellerie, l'alcool est dénaturé par 1/2 0/0 de térébenthine.

Pour la fabrication des vinaigres, il est simplement additionné d'anhydride acétique.

Documents statistiques.

Dans les chiffres qui suivent il ne sera question que de l'Autriche la consommation d'alcool industriel en Hongrie étant à peu près nulle :

Années	Consommation de bouche	Exportation	Alcool dénaturé
1900.	1.787.000 hectol.	321.000 hectol.	295.000 hectol.
1901.	1.829.000 »	257.000 »	337.000 »
1902.	1.673.000 »	242.000 »	360.000 »

La diminution progressive des quantités d'alcools exportées, qui provient de la concurrence croissante que fait au commerce autrichien la « Centrale » allemande (à certaines époques l'alcool rectifié a été vendu à Hambourg 10 marks l'hectolitre), a posé devant les industriels et le gouvernement austro-hongrois le problème du développement des emplois de l'alcool pour l'industrie.

C'est même ce désir de créer un mouvement de consommation qui a déterminé l'Autriche à organiser en 1904, à Vienne, une exposition internationale de l'alcool, mais il n'est pas encore possible de déterminer exactement les résultats obtenus.

CHAPITRE V

LA DÉNATURATION DE L'ALCOOL EN BELGIQUE

Droits de consommation. — Les droits frappant les alcools de bouche s'élèvent, en Belgique, à 150 francs par hectolitre d'alcool à 50 degrés.

Toutes les distilleries agricoles ont pu obtenir une réduction sur ce droit de 8 à 10 francs.

Alcools dénaturés. — La vente des alcools exempts de droits est actuellement interdite mais, récemment, une campagne a été menée en vue d'obtenir la dénaturation des alcools destinés au chauffage, à l'éclairage et à la force motrice.

Les promoteurs de ce mouvement, parmi lesquels on compte certains professeurs de l'École de Louvain (1), ne semblent pas, jusqu'à ce jour, avoir obtenu de réels succès. Le prix du pétrole, est, en effet, si réduit que jamais, à moins de constitution de primes qui viendraient grever lourdement le Trésor, l'alcool ne pourrait lutter avantageusement contre ce combustible.

Mais, s'il n'existe pas une exemption complète de droits, le gouvernement belge consent cependant une détaxe variable aux industriels utilisant l'alcool pour leur fabrication et l'on trouvera plus loin le détail des corps qui sont alors employés comme dénaturants.

Dans ce cas la dénaturation, qui doit porter au minimum sur deux hectolitres d'alcool à 50 degrés, a toujours lieu en présence des agents du fisc, qui ont également un droit de contrôle sur les produits fabriqués :

1. Professeur Theunis.

Industries	Procédés de dénaturation par hectolitre d'alcool à 94°	Détaxe
		francs
Vinaigres	300 litres d'eau ou 100 litres de vinaigre à 8 °/₀ d'acide acétique.	120
Vernis	1° Employés dans l'usine : 8 litres de méthylène à 5 °/₀ acétone. 25 » de vernis à 30 °/₀ de résine. . 2° Pour la vente : 10 litres de méthylène à 5 °/₀ acétone et 25 grammes de fuschine	114
Chapellerie	10 litres de méthylène. . . . . . . 25 » de vernis à 30 °/₀ de résine. .	140
Fleurs artificielles . .	10 litres de méthylène. . . . . . . 15 grammes de couleurs d'aniline. . .	140
Dorure des cadres . .	20 litres de méthylène. . . . . . . et 3 litres de méthyléthylcétone . . .	140
Raffouage des huiles .	10 litres d'acide sulfurique à 66° B. . .	140
Savons transparents	5 litres d'essence de lavande.	140
Fulminates de mercure.	10 litres d'éther brut	140
Collodion employé dans l'usine où il est préparé	50 litres d'éther ordinaire.	140
Tannin	50 litres d'éther ordinaire	140
Pégamoïd	5 litres d'acétone. . . . . ou 2 litres de méthyléthylcétone. . . . ou 25 litres d'éther ordinaire	140
Poudres sans fumée .	3 litres de méthyléthylcétone	140
Peptones	3 » »	140
Antiseptiques et médicaments	3 » »	150
Soie artificielle . . .	150 litres d'éther ordinaire	150
Éther acétique . . .	15 litres de résidus d'éther acétique. .	150
Éther sulfurique. . .	10 litres de résidus d'éther sulfurique .	150
Préparations anatomiques	500 grammes nitrobenzol. . . . . . 500 » camphre. . . . . . . 1 lit. 1/2 de méthyléthylcétone. . . .	140

CHAPITRE VI

LA DÉNATURATION DE L'ALCOOL EN GRANDE-BRETAGNE

I

DROITS ET EXEMPTION DES DROITS

Droits de consommation. — Les droits de Régie frappant l'alcool, en Grande-Bretagne, s'élèvent à 2 shellings par gallon, c'est-à-dire environ 477 fr. 19 par hectolitre d'alcool pur et l'exercice des agents du fisc est pratiqué avec une rigueur toute particulière.

Exemption des droits (1). — C'est en 1855 que l'emploi de l'alcool, exempté de tout droit de consommation, fut autorisé après une dénaturation préalable au méthylène, maisla législation actuelle date, en réalité, de la loi de 1880, qui fut successivement modifiée et complétée par les lois de 1890 et de 1902.

De 1855 à 1861, les alcools destinés aux usages industriels, et dénaturés au méthylène, bénéficièrent de l'exemption des droits.

De 1861 à 1891, le commerce des alcools dénaturés fut libre mais à la condition que ces produits ne fussent pas employés en grandes masses car l'emploi de quantités importantes provoquait la surveillance continue des agents du fisc, autrement dit l'exercice.

1. Rapport du Comité de l'alcool industriel présenté au parlement anglais le 11 avril 1905.

La loi de 1890, tout en maintenant l'organisation précédente pour les usages industriels, compléta la dénaturation des alcools que pouvaient livrer aux consommateurs les détaillants par l'addition de 0,375 0/0 de pétrole.

Il y eut ainsi deux sortes d'alcools dénaturés :

1° Les alcools méthylés (méthylated spirit), destinés aux usages industriels, renfermant le 1/9 de leur volume en méthylène, qui ne sont pas vendus au détail, et dont la vente est soumise au contrôle de l'Administration.

2° Les alcools minéralisés (mineralised spirit) dont le commerce est libre et qui contiennent, outre le 1/9 de leur volume en méthylène, 0,375 0/0 de pétrole.

Ces modes de dénaturation furent les seuls en vigueur de 1891 à 1902.

A cette date ils furent complétés par l'admission de dénaturants spéciaux répondant au desiderata des diverses industries employant l'alcool éthylique.

II

ÉTUDE DES RÈGLEMENTS

Il y a lieu de distinguer, parmi les règlements régissant la dénaturation et la vente des alcools dénaturés, ceux qui sont relatifs aux différentes qualités d'alcool dénaturé dont il vient d'être question.

A) *Alcools méthylés (ordinary methylated spirit).* — Ils sont obtenus par le mélange de : 9 volumes d'alcool éthylique à 91 ou 95° et un volume de méthylène répondant au type qui sera indiqué plus loin.

L'alcool destiné à la dénaturation doit renfermer au moins 86 0/0 d'alcool pur, mais, en réalité, il n'est jamais présenté à la dénaturation que des alcools à 90-91°.

Dénaturation. — Cette opération ne peut être pratiquée que chez les distillateurs, les rectificateurs d'alcool, ou des dénaturateurs munis d'une licence spéciale.

Cette licence est délivrée sur une demande adressée à l'Administration centrale et son coût annuel est de 262 fr. 50 (10 livres 10 shellings).

Quantités à dénaturer. Analyse. — Le mélange de l'alcool et du dénaturant est fait dans des locaux et des récipients agréés par l'Administration et sous la surveillance des agents du fisc.

Les alcools à dénaturer circulent sous acquits et sont pris en charge, à leur arrivée chez le dénaturateur, par l'employé de l'accise qui doit vérifier non seulement leur volume mais leur degré. Le méthylène dénaturant, qui doit répondre aux spécifications de l'accise, est échantillonné et soumis, avant emploi, au laboratoire du Board of Inland Revenue.

Le minimum d'alcool dénaturé pouvant être préparé en une seule opération est de 2.270 litres (500 gallons).

Tenue des livres et circulation. — Les dénaturateurs doivent tenir les comptes des quantités d'alcool qu'ils reçoivent, dénaturent et vendent, et détacher, d'un livre à souche, un acquit qui accompagne la marchandise à la sortie de leurs dépôts.

Ventes. — Les livraisons ou expéditions d'alcool méthylé ne peuvent être faites qu'à des industriels autorisés à l'employer et les commandes doivent être, non seulement signées par l'acheteur, mais revêtues du timbre du contrôleur de la localité auquel l'alcool est destiné. Les expéditions ne doivent pas être inférieures à 22 lit. 700 (5 gallons).

Licences d'achat. — Toute personne désirant employer l'alcool méthylé, soit pour des usages industriels, soit pour la préparation des médicaments pour l'usage externe, potions, etc., est tenu d'en faire la demande à l'Administration centrale de l'accise en indiquant les emplois auxquels il sera destiné ainsi que les méthodes de travail mises en œuvre.

La licence d'emploi est accordée après enquête, mais, lorsque les quantités d'alcool utilisées annuellement doivent dépasser 227 litres (50 gallons), l'Administration exige la constitution d'une caution dont le montant peut atteindre de 5.000 francs à 25.000 francs.

Régénération. — Dans un grand nombre de cas, les alcools méthylés ne sont employés que comme véhicule momentané, comme par exemple pour l'extraction et la cristallisation d'un grand nombre de produits organiques, et ils servent alors d'une façon continue. Toutefois, lorsque la régénération comporte une redistillation qui peut donner des proportions d'alcool pur et consommable, l'Administration impose des conditions spéciales comportant l'addition, à la totalité de l'alcool redistillé, d'une nouvelle dose de méthylène ou de tout autre corps admis par les services techniques de l'accise.

Surveillance. — Les industriels employant l'alcool méthylé sont soumis à la surveillance des agents du fisc, mais cette surveillance, quoique très sévère, est assez libérale pour ne pas entraver les différents procédés de fabrication pouvant être suivis.

Les frais de surveillance restent à la charge de l'accise.

B) *Alcools minéralisés* (*Mineralised methylated spirit*). — Ces alcools qui seuls sont vendus au détail, sans aucune surveillance, et sont généralement employés pour l'éclairage, le chauffage et la force motrice, ainsi que pour la préparation des peintures et vernis, s'obtiennent par le mélange de l'alcool méthylé ordinaire avec 0,375 0/0 d'huile minérale.

La préparation de ces alcools se fait chez les dénaturateurs dont il a été question plus haut, mais ceux-ci ne sont pas autorisés à faire aux détaillants des livraisons inférieures à 22 lit. 7 (5 gallons) et supérieures à 227 litres (50 gallons).

Licence de vente. — Toute personne désirant faire le commerce de détail des alcools dénaturés doit adresser une demande de licence qui est accordée après enquête.

Le coût de la licence est de 12 francs par an et seuls ne peuvent pas l'obtenir les distillateurs et débitants.

Stock et vente. — Le stock d'alcool dénaturé des détaillants ne doit pas dépasser 227 litres et il est interdit à ces derniers de vendre plus de 4 lit. 54 (1 gallon) à la fois au même acheteur.

La vente est absolument libre toute la semaine sauf du

samedi soir à 10 heures jusqu'au lundi matin à 8 heures où elle est rigoureusement interdite.

Tenue de livres. — Les vendeurs au détail reçoivent de l'Administration un livre d'achat à souches dont ils détachent les demandes de livraison aux dénaturateurs.

Ils sont, en outre, dans certains cas particuliers, tenus de tenir à jour un registre indiquant les quantités qu'ils ont reçues et vendues ainsi que les noms de leurs acheteurs.

Cette dernière restriction à la liberté de la vente n'est appliquée que lorsque l'accise craint des régénérations d'alcool, ou l'emploi d'alcool dénaturé pour la préparation de liqueurs de qualités inférieures.

Dénaturants particuliers.

En dehors des alcools dénaturés à l'aide du méthylène, la loi anglaise autorise, sous certaines conditions et restrictions, l'emploi de dénaturants spéciaux.

Industries	Procédés de dénaturation	Observations
Matières colorantes.	2 °/。 de nitrotoluol, ou 2 °/。 de notrobenzine.	
Xylonite et substances similaires . .	a) 373 gr. 233 camphre et 57 centilitres toluène, ou b) 57 cent. de toluène, ou c) 373,233 camphre, ou d) 5 °/。 d'huile animale, ou e) 5 °/。 d'éther de pétrole.	par gallon de 4 lit. 54
Fulminates. . . .	10 °/。 de l'alcool provenant d'une opération précédente et 0,025 °/。 d'huile animale.	
Huile de coco raffiné.	1 volume d'alcool méthylé égal au volume d'alcool à dénaturer.	
Lampes électriques.	373 gr. 233 phosphore rouge.	par gallon d'alcool

Le mode d'emploi des dénaturants est fixé par les services

techniques de l'accise et comporte la surveillance, soit perpétuelle, soit temporaire, des agents du fisc.

Dans ce cas, les frais d'exercice sont à la charge des industriels.

Importation des méthylènes. — L'Angleterre ne produisant que peu de méthylène est obligée d'importer les quantités qui lui sont nécessaires.

Ces méthylènes étrangers sont frappés, à l'entrée, d'une surtaxe égale à celle qui différencie les droits de consommation pour les alcools anglais de ceux de provenance étrangère, et qui s'élève à 4 dollars par gallon, soit environ 8 fr. 80 par hectolitre.

Ce droit, qui fut établi en 1902 lorsque les alcools méthyliques purs furent assimilés aux alcools éthyliques, entrave la dénaturation des alcools et il sera probablement supprimé prochainement.

Alcools non dénaturés.

Sous des conditions spéciales, les collèges, universités, laboratoires, etc., sont autorisés à recevoir, pour leurs travaux de recherches, des alcools non dénaturés et exempts de droits.

Pénalités.

La loi anglaise est extrêmement sévère à l'égard des fraudeurs, c'est-à-dire de tous ceux qui essaient de régénérer l'alcool dénaturé ou de l'employer pour la préparation des liqueurs, médicaments pour l'usage interne, etc.

Non seulement le taux des amendes s'élève à 12.500 francs dans un certain nombre de cas et à 5.000 et 1.250 francs dans d'autres, mais toute personne ayant en sa possession des alcools partiellement ou totalement régénérés, ainsi que des liqueurs ou des médicaments préparés avec des alcools dénaturés est passible d'une condammation de 2.500 francs.

L'application stricte de cette législation rend la fraude extrêmement rare, sauf cependant dans quelques localités industrielles où l'on a parfois rencontré, dans des débits de bas étage, des liqueurs fabriquées avec des alcools dénaturés.

III

CONSTANTES DES DÉNATURANTS

Essai des méthylènes.

Les méthylènes destinés à la dénaturation doivent présenter la composition suivante :

Alcool méthylique pur...	72 0/0 minimum en volume ;
Acétone................	12 gr. maximum par 100 cm³.
Éthers (calculés en acétate de méthyle)..............	3 gr. » »

Ils doivent en outre répondre aux qualités résumées cidessous.

A). — Une solution renfermant 0 gr. 5 de brome doit être décolorée par 30 cm³ maximum du méthylène examiné.

B). — Le méthylène doit être neutre ou seulement très légèrement alcalin. 25 cm³ doivent être neutralisés par 5 cm³ au maximum d'une solution deci-normale d'acide lorsqu'on emploie le méthyl-orange comme indicateur.

Décoloration du brome. — La solution normale du brome est préparée par dissolution de 12 gr. 406 de bromure de potassium et 3 gr. 841 de bromate de potasse dans un litre d'eau fraîchement bouillie.

50 cm³ de la solution ainsi préparée sont versés dans un ballon de 200 cm³ bien bouché.

On y ajoute 10 cm³ d'acide sulfurique dilué et le tout est agité.

Après avoir laissé reposer, pendant 10 minutes, on verse goutte à goutte, dans le mélange, le méthylène examiné.

Titrage de l'alcalinité.

Deux prises de 25 cm³ du méthylène sont placées dans deux verres et titrées à l'aide d'une solution déci-normale d'acide sulfurique :

1° Avec le tournesol comme indicateur ;

2° Avec le méthyl-orange comme indicateur.

Dans le premier cas, il ne doit pas être employé plus de 0 cm³ 1 à 0 cm³ 2 de liqueur acide déci-normale pour obtenir la neutralité.

Dans le second cas plus de 5 à 6 cm³ de la même solution acide.

Les résultats de l'essai au méthyl-orange sont désignés sous le nom : « Alcalinité au méthyl-orange ».

Dosage de l'alcool méthylique.

32 gr. d'iode et 3 cm³ d'eau distillée sont placés dans un ballon refroidi.

On y ajoute alors 3 cm³ de méthylène, on bouche, on ligature le bouchon, on agite et on maintient le tout, pendant 10/15 minutes, dans un mélange réfrigérant.

Après refroidissement, on introduit dans le ballon 2 gr. de phosphore rouge et on le raccorde à un réfrigérant à reflux, en ayant soin de modérer la réaction en refroidissant le ballon.

Après 15/20 minutes, on chauffe au bain-marie à 75° centigrades pendant une vingtaine de minutes.

On laisse refroidir, on renverse le réfrigérant et l'on distille lentement en recueillant l'iodure de méthyle formé dans un tube gradué.

Le volume occupé par l'iodure est mesuré sous l'eau à la température de 15° centigrades.

La formule suivante dans laquelle :

V = volume de méthylène mis en expérience,

I = nombre de centimètres cubes d'iodure de méthyle, donne le pourcentage d'alcool méthylique en volume :

$$\frac{I \times 0.647 \times 100}{V} = \text{alcool méthylique pour cent en volume.}$$

Comme les éthers, acétates et autres produits donnent aussi, dans ce procédé, de l'iodure de méthyle, il y a lieu de déduire du résultat trouvé l'iodure correspondant à ces corps.

En pratique on ne tient compte que des éthers, sachant que le nombre de grammes d'acétate de méthyle, renfermés dans 100 cm³ du méthylène, et multipliés par 0,5405, donne la quantité d'alcool méthylique à déduire du résultat obtenu.

Dosage de l'acétone.

25 cm³ de soude normale sont introduits dans un ballon avec 0 cm³ 5 de méthylène.

Le mélange est soigneusement agité, puis abandonné à lui-même environ 10 minutes.

On y verse ensuite, à l'aide d'une burette, une solution d'iode au 1/5 normale jusqu'à ce que le dessus de la solution soit clair.

On ajoute alors un excès d'iode, on agite 10 minutes et l'on verse dans le mélange 25 cm³ d'acide sulfurique normal.

L'excès d'iode est titré à l'aide d'une solution 1/10 normale de thiosulphate de soude.

Le nombre de cm³ de thiosulphate employé, déduit du nombre de cm³ d'iode, donne le pourcentage d'acétone à l'aide de la formule suivante dans laquelle I = le nombre de cm³ d'iode :

$I \times 0$ gr. 3876 = Acétone (en grammes) pour 100 cm³ de méthylène.

On titre ainsi comme acétone tous les produits susceptibles

de donner naissance à de l'iodoforme (aldéhydes, acétones supérieures, etc.).

Si la proportion d'acétone trouvée est exagérée, on recommence l'essai en diluant 10 cm³ de méthylène examiné dans 10 cm³ d'alcool méthylique pur exempt d'acétone.

Dosage des éthers.

5 cm³ de méthylène et 20 cm³ d'eau distillée sont chauffés deux heures, à l'ascendant, en présence de 10 cm³ de soude normale.

L'excès de soude est alors titrée avec une solution normale d'acide en présence de phénolphtaléine.

La soude employée, obtenue par différence, multipliée par 1,48, donne, en grammes, l'acétate de méthyle renfermé dans 100 cm³ de méthylène.

IV

Documents statistiques

Tableau détaillé des alcools méthylés employés du 31 mars 1900 au 31 mars 1901.

(ANGLETERRE)

Industries	Nombre de gallons employés
Vernis, laques, peintures, etc.	1.221.013
Fabrication de savons	144.381
Chapellerie	121.104
Celluloïd, etc.	106.589
Éthers, chloroforme, iodoforme	97.906
Fulminates, poudre sans fumée, explosifs	48.052
Extraits, produits chimiques, etc.	39.637
Matières colorantes. Impression, etc.	28.913
Plaques photographiques	24.667
Linoléum, pégamoïd et produits similaires	21.128
Lotions, liniments, etc.	15.410
Filaments pour lampes électriques	14.964
Fabrication des pianos	7.510
Fabrication de la soie, etc.	8.434
Fabrication de l'aniline et autres couleurs	5.657
Feux d'artifices	2.720
Insecticides, etc.	1.564
Fabrication du caoutchouc	1.600
Enlèvement des peintures	1.150
Fabrication des plumes en acier	1.669
Cirages	1.180
Argenture	477
Fabrication de corsets	590 450
Pansements	1.040
Fabrication des compas, thermomètres, etc.	106
Raffinage des huiles	205 128
Fabrication des encres	197
Soie artificielle, fleurs artificielles	1.487
Préparations de pièces anatomiques et tous emplois dans hôpitaux, infirmeries, laboratoires et maisons d'éducation	33.780
War Office et Amirauté	30.624
Total	1.987.665

Soit, en estimant le gallon à 4 lit. 54 = *9.023.999 litres.*

Tableau de la dénaturation des alcools, de 1900 à 1904.

(ANGLETERRE)

Années finissant au 31 mars	Alcools à la dénaturation	Méthylène employé	Alcools simplement méthylés	Alcools méthylés et minéralisés pour la vente au détail	Total
	hect.	hect.	hect.	hect.	hect.
1900. . .	135.174	15.352	93.453	60.298	153.751
1901. . .	143 393	15.932	94 228	65.841	159.569
1902. . .	145 562	15.173	97.933	64.041	161.974
1903. . .	150.079	16.674	100.496	66.496	166 992
1904. . .	149.615	16.623	97.146	68.351	165.497

V

MESURES PRISES EN FAVEUR DES EMPLOIS INDUSTRIELS DE L'ALCOOL

En Angleterre, comme dans tous les autres pays d'Europe, les emplois industriels de l'alcool sont à l'ordre du jour et les pouvoirs publics ont été saisis, l'an dernier, de la question par un magistral rapport présenté au Parlement anglais le 11 avril 1905.

Ce travail, qui résume les travaux d'une commission qui comptait dans son sein des savants comme William Crookes et F. Thorpe, est une véritable monographie de la dénaturation de l'alcool dans les différents pays d'Europe.

Après avoir passé en revue les efforts faits à l'étranger, en particulier en Allemagne, pour favoriser les emplois de l'alcool destiné à l'industrie et avoir étudié les règlements qui régissent la préparation et la vente de l'alcool dénaturé en Angleterre, la Commission tire les conclusions de son étude en exposant les modifications à la législation qui lui paraîttraient de nature, tout en sauvegardant les intérêts du fisc, à aider au développement de la consommation de l'alcool.

Résumées en quelques mots, ces conclusions sont les suivantes :

1° Maintien, comme dénaturant général, de 1 volume de méthylène pour 9 volumes d'alcool et de 0,375 0/0 d'huile minérale ;

2° Augmentation des stocks d'alcools minéralisés chez les commerçants au détail ;

3° Réduction à 5 0/0 de la quantité de méthylène exigée pour la dénaturation des alcools destinés à être employés dans les usines sous la surveillance des agents du fisc (1) ;

4° Attribution d'une prime aux alcools dénaturés;

5° Suppression des frais d'exercice qui devraient rester à la charge du Trésor ;

6° Suppression de la surtaxe sur les méthylènes importés.

Ces conclusions sont à prendre en sérieuse considération car la commission s'est trouvée, en Angleterre, en présence de revendications rappelant celles qui seront étudiées plus loin pour la France, surtout en ce qui regarde la question du dénaturant.

1. Cette disposition est maintenant en vigueur.

Résumé.

1° Les droits de Régie s'élèvent, en Grande-Bretagne, à environ 477 fr. 19 par hectolitre d'alcool pur.

2° Il y a deux sortes d'alcools dénaturés :

a) Les alcools « méthylés », renfermant le 1/9 de leur volume en méthylène, et dont la vente est soumise au contrôle de l'Administration ;

b) Les alcools « minéralisés », dont le commerce est libre, et qui renferment, outre le 1/9 de leur volume en méthylène, 0,375 0/0 de pétrole.

3° La loi anglaise autorise, sous certaines conditions et restrictions, l'emploi de dénaturants spéciaux.

4° Les collèges, universités et laboratoires, peuvent recevoir, pour leurs travaux de recherches, des alcools non dénaturés et exempts de droits.

5° La loi anglaise est extrêmement sévère à l'égard des fraudeurs.

CHAPITRE VII

LA DÉNATURATION DE L'ALCOOL EN HOLLANDE

Droits de consommation.— Ils s'élèvent à environ 132 fr. 30 par hectolitre d'alcool à 50°, c'est-à-dire 261 fr. 60 par hectolitre d'alcool à 100 0/0.

Alcools dénaturés. — La dénaturation, opérée par les agents du fisc, se fait, soit par la méthode générale, soit par des procédés spéciaux.

La méthode générale comporte l'addition à l'alcool de 12,5 0/0 de méthylène.

Ventes. — Les alcools dénaturés ne circulent pas librement et tout consommateur doit adresser une demande annuelle à l'Administration.

Fabricants de vinaigre. — La grosse consommation d'alcool, en Hollande, est celle destinée à la fabrication du vinaigre.

Dans ce cas, la dénaturation se pratique par le mélange de

1 hectolitre d'alcool à 50° avec :
1 » de vinaigre à 4 0/0 d'acide.
2 » d'eau.
ou 20 litres de vinaigre à 4 0/0 d'acide.
20 » de jus de raisins secs.

Lorsque les employés du fisc assistent à l'addition de l'alcool dans les cuves à fermentation, il suffit de lui ajouter 20 litres de vinaigre.

Documents statistiques.

Statistique de la production des alcools dénaturés et de la transformation des alcools en vinaigre, de 1876 à 1895 (1).

HOLLANDE

Années	Quantités d'alcool dénaturé par le méthylène	Consommation d'alcool dénaturé par tête	Quantités d'alcool transformé *en* vinaigre	Nombre de vinaigreries travaillant		
				L'alcool pur	L'alcool avec addition de jus de raisins secs	Les autres matières, bière, raisins secs, pommes
	hect.	lit.	hect.			
1876. . .	1.892	0,04	5.34	60	25	4
1877. . .	2.058	0,05	5.584	66	17	4
1878 . .	2 400	0,06	5.689	66	19	4
1879. . .	2.704	0,07	5.141	67	18	4
1880. . .	2 926	0,07	5.201	68	20	3
1881. . .	3.380	0,08	5.636	69	19	3
1882. . .	4.519	0,11	5. 29	73	18	3
1883. . .	5.256	0,12	5.147	70	21	7
1884. . .	4.750	0,11	5.406	73	20	4
1885 . .	5.201	0,12	5.668	72	21	4
1886. . .	5.527	0,13	5.532	72	22	3
1887 . .	6.014	0,13	5 573	70	28	3
1888. . .	6.956	0,14	5.132	72	27	4
1889. . .	7.292	0.16	5.312	74	25	3
1890. . .	8 125	0,18	5.170	72	22	2
1891. . .	9.271	0,20	5.092	72	22	1
1892 . .	9 183	0,20	5.157	73	22	2
1893 . .	9.808	0.21	6 277	73	22	4
1894. . .	10.560	0,22	6.071	72	20	4
1895. . .	10.925	0,225	6.197	71	22	9
Augmentation.	477 p. 100	462 p. 100	18 p. 100	18 p. 100	12 p. 100	25 p. 100

1. Extrait de la statistique officielle hollandaise.

CHAPITRE VIII

LA DÉNATURATION DE L'ALCOOL EN ITALIE

Droits de consommation. — Unifiés en 1896, ils s'élevèrent d'abord à 180 francs par hectolitre d'alcool pur, puis furent portés à 190 francs, en 1903, au moment où fut promulguée la loi régissant les alcools dénaturés.

Exemption des droits. — C'est à la suite d'une campagne en faveur des emplois industriels de l'alcool que fut votée la loi de 1903, qui exempte, de tous droits d'état et de toute taxe locale, l'alcool fabriqué avec les vins, les vinasses ou autres résidus de la vinification, lorsqu'il est destiné au chauffage, à l'éclairage ou à la production de la force motrice.

Pour les autres emplois industriels l'exemption des droits peut être obtenue à la suite d'une demande adressée à l'Administration.

Quant aux alcools obtenus en partant d'autres matières premières que celles indiquées ci-dessus, ils ne jouissent pas de la même faveur et doivent acquitter une taxe de 15 francs par hectolitre d'alcool pur.

Cette différence de traitement présente de sérieux inconvénients, non seulement en maintenant à des limites élevées les prix de vente de l'alcool, car ce droit de 15 francs qui frappe les alcools de betteraves ou de grains constitue une prime en faveur des viticulteurs et leur permet de vendre leurs produits 15 francs de plus à l'hectolitre, mais encore en envoyant à la dénaturation des alcools riches en éthers et en aldéhydes, qui, comme nous le verrons dans un chapitre spécial, sont néfastes par l'attaque qu'ils provoquent des appareils de chauffage et d'éclairage.

Dénaturation. — Le dénaturant est de composition secrète et doit être fourni par l'Administration de la gabelle.

Toutefois, d'après les renseignements puisés aux meilleures sources, il serait actuellement composé d'un mélange de méthylène et de pyridine ajoutés à 100 litres d'alcool, à raison de :

7 l. 1/2 de méthylène
et 0 l. 5 à 1 litre de bases pyridiques.

L'Administration peut faire varier, à son gré, la nature et la quantité des produits servant à la dénaturation, dans le but de protéger les intérêts du fisc.

L'alcool dénaturé, qui doit titrer 90° alcoométriques, est en outre coloré en lilas pâle par l'addition de violet d'aniline.

Les opérations de dénaturation sont faites en présence des employés de la gabelle et ne doivent pas porter sur moins de 3 hectolitres.

Tous les frais qui en résultent et qui comprennent, non seulement le coût des substances dénaturantes mais encore les indemnités de déplacements dues aux agents du fisc, sont supportées par les dénaturateurs.

Cette législation sur laquelle il n'y a pas lieu d'insister puisque, très probablement, elle sera bientôt modifiée, n'était pas de nature à développer la consommation de l'alcool industriel, et, jusqu'à présent, les emplois de ce produit pour le chauffage et l'éclairage ont été presque nuls.

Et cependant il y aurait pour l'alcool une place à prendre si son coût était moins élevé puisque l'importation du pétrole, en Italie, ne dépasse guère 700.000 quintaux.

CHAPITRE IX

LA DÉNATURATION DE L'ALCOOL EN RUSSIE

Droits de consommation. — Il est impossible de déterminer, même par déduction, le montant des droits de Régie, car la vente de l'alcool est, en Russie, monopole d'État et les prix sont assez variables.

Dénaturation. — Il n'est pas mis en circulation, de façon générale, d'alcool dénaturé pour le chauffage, l'éclairage et la force motrice, et l'État russe avait ouvert, en 1901, un concours comportant un prix de 100.000 francs pour l'étude d'un dénaturant général.

Depuis cette date, soit que la guerre russo-japonaise, soit que l'état politique du pays, ait mis une entrave à l'étude de la question, il ne semble pas qu'elle ait été définitivement résolue.

On sait cependant qu'à l'exposition des alcools à Vienne, l'État russe avait exposé des alcools dénaturés avec une dose importante de méthylène (15 à 20 0/0) et 1 1/2 0/0 de bases pyridiques et colorés avec du violet Hoffmann (Chlorhydrate de triethylrosaniline).

En revanche, les industriels employant l'alcool comme matière première peuvent obtenir l'exemption des droits lorsque ce corps est dénaturé suivant des méthodes dont l'adoption est confiée à l'étude de l'Administration.

Licence. — Toute personne désirant utiliser de l'alcool dénaturé est tenue d'en faire la demande à l'Administration et de fournir une caution.

Les autorisations d'emploi n'excèdent généralement pas la durée d'une année mais elles sont renouvelables après nouvelle demande.

Surveillance. — Les alcools sont livrés aux consommateurs sur le vu d'un bulletin délivré par le Ministère des Finances et reçus par les agents du fisc qui en vérifient le degré et la qualité.

La dénaturation est faite en présence de ces mêmes agents.

Du reste, les usines sont généralement soumises à l'exercice permanent.

Tenue de Livres. — Des comptes annuels sont dressés indiquant les quantités reçues, dénaturées et employées, ainsi que les stocks.

Liste des principaux dénaturants particuliers.

Industries	Procédés de dénaturation
Vernis	5 °/₀ de méthylène, 1 °/₀ de térébenthine.
Vinaigre de vin . . .	L'alcool est étendu avec de l'eau et additionné de 1 °/₀ d'acide acétique.
Éther, chloroforme, chloral.	
Tannin et collodion .	10 °/₀ d'éther sulfurique.
Santanine	1 partie d'alcool provenant d'une opération précédente pour 4 parties d'alcool pur.
Phénacétine, salol, etc.	5 °/₀ de benzol.
Couleurs d'aniline . .	5 °/₀ de méthylène, ou 5 0/0 d huile animale.
Soie artificielle . . .	10 °/₀ d'éther sulfurique.
Résinite.	7 °/₀ d'éther ou d'acétone.
Poudres sans fumée .	Pas de dénaturation mais exercice permanent.
Fulminate de mercure.	0,025 °/₀ d'huile animale.
Extraction du sucre des mélasses	1 partie d'alcool d'une opération précédente avec 1 partie d'alcool pur.
Alcool destiné à prévenir la congellation des conduites de gaz . .	5 °/₀ de méthylène, 1 °/₀ de pyridine.
Éclairage des villes (spécialement autorisé pour les entrepreneurs des conseils)	20 °/₀ de térébenthine.

CHAPITRE X

LA DÉNATURATION DE L'ALCOOL EN SUISSE

I

RÉGIME FISCAL

Droits de consommation. — Le régime des alcools étant, en Suisse, celui du Monopole, il n'est pas possible d'indiquer exactement les droits frappant le produit de consommation de bouche.

Cependant, si l'on tient compte que le département de l'alcool du Gouvernement fédéral livre aux consommateurs l'hectolitre d'alcool à 95° au prix de 140 francs environ, on peut, en prenant pour base un prix de revient de 40 francs l'hectolitre, considérer que la différence entre ce prix de 40 fr. et celui de 140 francs, soit 100 francs, représente le droit de consommation.

Le bénéfice de l'État n'est donc pas fixe mais varie suivant les prix de vente établis par la loi.

Alcools dénaturés. — Comme pour l'alcool de consommation de bouche, la vente des alcools dénaturés est exclusivement réservée à l'État.

Toutefois, celui-ci livre à certains industriels des alcools purs qui seront additionnés d'un dénaturant chez ces derniers.

De là, deux sortes d'alcools dénaturés :

1° Les alcools dénaturés au dénaturant général ;

2° Les alcools dénaturés à l'aide de dénaturants particuliers.

Dénaturant général. — Le dénaturant général n'est pas de

composition constante, mais est modifié, deux ou trois fois par an, dans le but de dérouter les fraudeurs.

Quoiqu'il soit secret, nous pouvons dire qu'il est généralement composé d'un mélange, en proportions variables, de méthylène, d'huiles d'acétone, de pyridine et de benzine dont on incorpore 2 kilos 700 dans 100 kilos d'alcool à 75°.

Vente. — Elle est faite par le département de l'alcool aux consommateurs ou aux détaillants par quantités ne devant pas être inférieures à 150 litres.

Le prix de vente est de 50 francs par 100 kilos et comporte un escompte variant de 1/2 à 2 0/0 suivant l'importance des commandes.

La vente par les détaillants est soumise au contrôle des agents de l'Administration, mais le produit circule librement dans tous les cantons.

Dénaturants spéciaux. — En dehors de l'alcool dénaturé à l'aide du dénaturant général, l'État livre aux industriels qui lui en font la demande des alcools dénaturés à l'aide de produits spéciaux dont la présence ne gêne en rien leur fabrication.

En outre, dans certains cas, le département des alcools fournit des alcools purs qui sont dénaturés chez le consommateur lui-même en présence des agents du fisc.

Demandes. — Toute personne désirant recevoir de l'alcool exempt de droits, autre que celui dénaturé au dénaturant général, est tenue d'en faire la demande à l'Administration. Elle doit en outre, si son usine n'est pas un établissement classé, donner un résumé des procédés de fabrication qu'elle emploie et de l'usage exact auquel l'alcool est destiné. Elle désigne enfin le procédé de dénaturation qu'elle désirerait pouvoir adopter et la question est examinée par les services techniques du Conseil fédéral.

Dans le cas où l'alcool ne serait pas livré tout dénaturé au consommateur, celui-ci doit agencer, à ses frais, les locaux où cette opération aura lieu en présence des employés de l'Administration.

Tenue des livres. — Les industriels utilisant les alcools ainsi dénaturés doivent tenir à jour un livre indiquant les quantités reçues et employées ainsi que les déchets de fabrication.

Tous les trimestres un extrait de la balance des comptes est communiqué au département des alcools auquel tous les renseignements désirables doivent être remis.

Surveillance. — Les agents du fisc ont, en outre, un droit de libre circulation et de contrôle dans les usines et les employés leur doivent assistance dans l'exercice de leurs fonctions.

Régénération. — Ce n'est que par autorisation spéciale que les alcools dénaturés peuvent être redistillés ou même conservés dans des locaux où se trouvent des appareils de distillation ou de rectification.

Retrait d'autorisation. — Toute infraction à cette décision, comme toute irrégularité dans les opérations, peut amener la défense absolue d'employer des alcools dénaturés suivant des procédés spéciaux.

Reventes. — La revente des alcools n'est pas autorisée, sauf par décision spéciale. Dans ce cas, il y a lieu d'ajouter à l'alcool et par hectolitre, soit :

5 litres de méthylène;
ou 3 » d'huiles d'acétone;
» 2 » de shellac.

Toutefois l'alcool ainsi dénaturé ne peut être vendu pour le chauffage et l'éclairage, mais seulement à d'autres industriels qui doivent l'utiliser tel quel pour leur fabrication.

En cas de cessation de commerce, l'alcool, restant en stock, doit être soit vendu, soit livré au département des alcools qui en prend livraison au prix fixé.

Prix de vente. — Les prix auxquels l'Administration livre, au commerce, les alcools destinés à être dénaturés suivant des procédés spéciaux, sont fixés pour cinq années et varient, suivant qualités, de 15 francs à 55 francs les 100 kilos. A ces prix viennent s'ajouter ceux des dénaturants.

Le paiement comporte un escompte plus ou moins élevé, suivant les quantités achetées.

Liste de quelques dénaturants particuliers.

Industries	Procédés de dénaturation	Observations
Vinaigre . . .	50 litres d'acide acétique crist. 200 litres d'eau par hect. d'alcool.	Les 200 litres d'eau peuvent être remplacés par 200 litres de bière, de vin ou d'autres liquides similaires.
Laques et vernis. . . .	2 litres de méthylène et 2 litres de benzine, ou 1/2 litre de térébenthine, » 5 litres de méthylène, » 2 kilos de shellac, » 2 kilos de copal ou de résine, » 1/2 kilo de camphre.	Par hect. d'alcool. L'emploi du camphre n'est autorisé que pour les vernis employés dans l'usine et ne circulant pas.
Matières colorantes. . .	10 litres d'éther sulfurique, ou 1 litre de benzol, » 1 litre de goudron, » 1/2 litre de térébenthine, » 25 grammes d'huile animale, » 25 » de bleu d aniline, » 25 » de violet d'aniline ou d'éosine, » 2 kilos de méthylène pur, » 1/2 kilo de camphre.	

II

DOCUMENTS STATISTIQUES

Années	Production	Consommation de bouche	Alcools dénaturés	Consommation totale
	0/0 kilos	0/0 kilos	0/0 kilos	0/0 kilos
1895 . . .	258.250	561.680	417.290	978.970
1896 . . .	199.360	563.040	388 430	951 470
1897 . . .	234.660	651.870	370.210	1.022,080
1898 . . .	227.730	687.680	354 960	1 042,640
1899 . . .	193 270	678.510	330.800	1.009.310
1900 . . .	213.500	674.890	267.290	942.180

RÉSUMÉ

1° Le régime des alcools est, en Suisse, celui du monopole.

2° Le dénaturant est secret, mais généralement composé d'un mélange de :

Méthylène ;
Acétone ou huiles d'acétone ;
Pyridine ;
Benzine.

3° L'État fournit, aux industriels qui lui en font la demande, des alcools dénaturés suivant des formules particulières et les autorise parfois à pratiquer eux-mêmes la dénaturation, dans leurs usines, en présence des employés du fisc.

Tableau récapitulatif de la dénaturation dans les principaux pays d'Europe.

PAYS	Droits de Régie par hectolitre d'alcool pur	Désignation de l'alcool	Composition du dénaturant par 100 litres d'alcool				
			Méthylène	Pyridine	Benzol	Benzine Régie	Acétone
	francs						
Allemagne	115.50 environ	Alcool dénaturé	1,5	0,50	»	»	0,50
		Alcool moteur	0,75	0,25	»	»	0,25
Autriche-Hongrie. .	105 » —	Alcool dénaturé	3,75	0,50	»	»	1,25
		Alcool moteur	0,50	Traces	2,50	»	Traces
France.	220 » —	Alcool dénaturé	7,50	»	»	0,50	2,50
Grande-Bretagne . .	477 » —	d°	7,92	»	»	»	1,65
Hollande	261 » —	d°					
Italie	190 » —	d°	6,50	0,65	1,00	»	2,00
Russie.		d°	10,00	0,50	»	»	5,00
Suisse	100 » —	d°	5,00	0,32	»	»	2,20

CHAPITRE XI

DES RAISONS POUR LESQUELLES IL EST CONSOMMÉ PLUS D'ALCOOL DÉNATURÉ EN ALLEMAGNE QU'EN FRANCE

Depuis que l'écoulement de l'alcool dénaturé occupe, à juste titre, en France, tous ceux qui s'intéressent aux intérêts de la Distillerie et de la culture de la Betterave, combien de fois n'a-t-elle pas été posée cette question : « Pourquoi consomme-t-on moins d'alcool dénaturé en France qu'en Allemagne ? »

Les réponses ont été aussi multiples que variées, mais, presque toujours, le public, simpliste par définition, a incriminé le mode de dénaturation prescrit par la Régie.

En constatant, en effet, que là où l'accise allemande demandait 2 lit. 1/2 de dénaturant, la régie française en exigeait 10, il pouvait être logique de conclure que les 7 lit. 1/2 de différence grevaient inutilement le coût de l'hectolitre d'alcool dénaturé.

Et cela aurait été parfaitement vrai si, depuis le 1er janvier 1902, le dénaturant ne coûtait plus rien.

On a vu, en effet, que la ristourne de 9 francs remboursait au dénaturateur, et souvent au delà, le coût du méthylène et de la benzine et que, par conséquent, il se trouvait, de ce fait, dans un état de supériorité par rapport au dénaturateur allemand qui dépense, pour l'achat de son dénaturant, environ 2 fr. 50 par hectolitre d'alcool soumis à la dénaturation.

Cet écart de plus de 2 francs aurait dû, depuis 1902, provoquer une demande considérable d'alcool dénaturé, si vraiment les 1.500.000 hectolitres d'alcool consommés, en 1905 en Allemagne, l'avaient été grâce au mode de dénaturation pratiqué dans ce pays.

Au lieu de cela, l'étude du tableau ci-dessous montre que, de 1900 à 1904, l'accroissement n'a guère été moins accentué en Allemagne qu'en France. Dans le premier de ces pays, l'augmentation annuelle a atteint 35.000 hectolitres contre 43.000 hectolitres dans le second, soit un écart de 8.000 hectolitres qui est sans importance, proportionnellement aux quantités dénaturées, puisque la consommation allemande a presque atteint un maximum.

Consommation de l'alcool pour les usages industriels.

ALLEMAGNE		FRANCE	
Années	Hectolitres	Années	Hectolitres
1900/1901	1.155.869	1901	251.565
1901/1902	1.114.230	1902	325.618
1902/1903	1.289.123	1903	374.598
1903/1904 . . .	1.394.607	1904	423.561
1904/1905		1905	

Un chapitre spécial sera réservé à cette question du coût du dénaturant.

Quelles sont donc les causes réelles de ces différences ?

Elles peuvent se rapporter à quatre chefs principaux :

1° Densité de population ;

2° Développement de l'industrie chimique ;

3° Organisation syndicale et fixité du prix ;

4° Primes et facilités de ventes.

Densité de population. — Le simple fait que la population s'élève, en Allemagne, à environ 60.000.000 d'individus alors qu'elle n'atteint pas en France 40.000.000 explique déjà que nos distillateurs ne doivent pas espérer connaître, de sitôt, une consommation d'alcool dénaturé de 1.500.000 hectolitres.

Elle ne devrait même pas s'élever aux 4/6 de cette quantité, si l'on reste sur le terrain strictement mathématique, mais on a le droit de croire que cette proportion pourrait être facilement dépassée, puisque, pour ne parler que d'une seule source de consommation, la France est le pays ou un *éclairage « somptuaire »* (1) *aurait le plus de chance de se développer*. Le Français aime ses aises et il doit préférer l'alcool, limpide et sans odeur, au pétrole suintant et puant.

Développement de l'industrie chimique. — En 1904, les différentes industries chimiques ont utilisé, en France, environ 134,000 hectolitres d'alcool contre 410.120 hectolitres en Allemagne.

On pourrait dire, à première vue, que cet écart considérable provient de ce que le prix de l'alcool dénaturé est tellement élevé en notre pays qu'il met en état d'infériorité l'industrie chimique française toutes les fois qu'elle doit compter l'alcool au nombre de ses matières premières, (et il y aurait là sans doute beaucoup de vrai, comme il sera démontré plus loin), si la réalité n'était tout autre et si la plus grande consommation de l'alcool, en Allemagne, ne provenait pas du développement extraordinaire, durant ces trente dernières années, de l'industrie chimique allemande.

Qu'est, en effet, la production française des produits chimiques en comparaison de celle de nos voisins qui s'est élevée, en 1897, à 1.184.878.306 francs (2)?

Le tableau suivant, dans lequel sont comparés les échanges de produits chimiques et de teintures préparées (matières colorantes, etc.) en France et en Allemagne pendant l'année 1901, éclaire singulièrement la question :

1. Paul Barbier. Congrès des Études économiques pour les emplois industriels de l'alcool.

2. Otto Witt. *L'Industrie chimique allemande à l'exposition de 1900.*

Désignation		Importations	Exportations
Produits chimiques et teintures préparées.	France. . .	152.333.787 fr.	104 858.354 fr.
	Allemagne. .	77.588.750 fr.	331.396.250 fr.

C'est donc autant par l'effort continu de nos industriels et de nos gouvernants vers l'application de méthodes de travail plus modernes, par l'union plus intime des savants et des usiniers, par le développement, en un mot, de notre industrie chimique, qu'il faut chercher à accroître la consommation de l'alcool destiné à l'industrie, que par des modifications de règlements administratifs.

Certes, tout est loin d'être parfait dans notre législation des alcools, mais il nous semble, qu'à côté des modifications nécessaires dont il sera traité dans un chapitre ultérieur, le problème est un problème général et ne doit pas être rabaissé exclusivement à l'étude de quelques cas particuliers.

Dans sa magistrale introduction à son Livre : *Les industries chimiques et pharmaceutiques*, M. Albin Haller a étudié toutes les causes qui ont rendu si prospère l'industrie chimique allemande.

C'est de l'application des modifications de travail qu'elles suggèrent que dépend, avec l'avenir de la fabrication des produits chimiques en France, celle de la consommation de l'alcool dans cette branche d'industrie.

Le développement industriel d'un pays, dont l'importance est capitale dans la consommation d'une matière première aussi répandue que l'alcool éthylique, ne saurait dépendre d'une loi ou d'un simple groupement industriel, tandis que les causes qui seront étudiées maintenant montrent l'influence économique que peut avoir une organisation syndicale puissante.

Organisation syndicale. Fixité des prix. — Le prix de l'alcool joue un rôle considérable dans l écoulement de ce produit lorsqu'il est appelé à concurrencer le pétrole dans ses emplois pour la force motrice, l'éclairage et le chauffage et la lecture du tableau de consommation des alcools industriels le démontre de façon péremptoire.

C'est en effet, en 1897, qu'a commencé, en France, la progression croissante des emplois de l'alcool pour les usages industriels, c'est-à-dire immédiatement après la réduction, à 3 francs par hectolitre, des droits de dénaturation qui s'élevaient, avant cette époque, au chiffre presque prohibitif de 37 fr. 50.

Il résulte de cette constatation que les fluctuations de cours importants que l'on constate trop souvent et que l'on peut suivre par la courbe tracée ci-dessous, doivent jouer un rôle prépondérant dans l'écoulement de l'alcool dénaturé

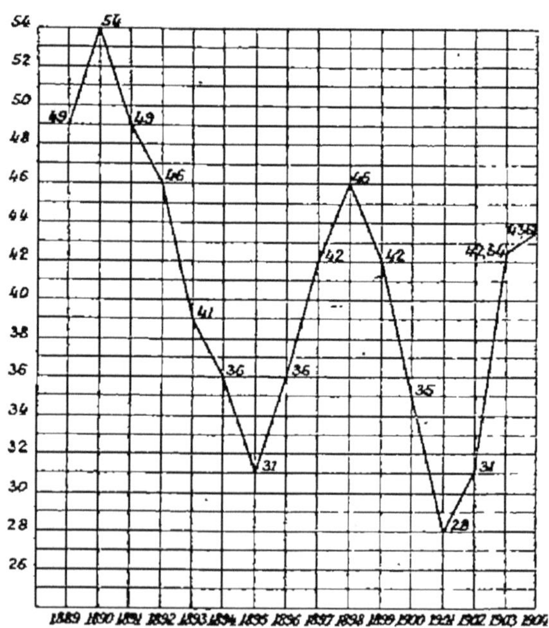

L'alcool dénaturé est-il bon marché ? On en consomme. Augmente-t-il de prix ? Sa consommation non seulement diminue momentanément mais souvent pour de longs mois

puisque, ainsi que le déclarait M. Mougeot (1), ancien ministre de l'Agriculture, « les variations trop fréquentes et trop sensibles du prix de l'alcool comme matière première, comme source de lumière, de calorique ou d'énergie, amèneraient promptement à l'abandonner, pour se rejeter sur les liquides étrangers qui ne présentent pas un semblable aléa. »

Du reste, les dénaturateurs qui, mieux que quiconque, doivent être à même de déterminer les causes reelles qui influent le plus sur l'écoulement de l'alcool dénaturé, n'ont pas hésité à incriminer les variations brusques des cours.

Voici ce que l'on peut lire dans une brochure que leur chambre syndicale a éditée en 1903 :

> Il faut être sincère, c'est la hausse des cours du trois-six qui a découragé et éloigné la consommation.
>
> .... Nous les défions bien (les spéculateurs) de contester sérieusement que ce n'est pas la hausse de l'alcool qui nuit le plus à ses emplois industriels.
>
> L'alcool à un prix normal et peu variable, voilà ce que nous demandons !

Il faut donc non seulement mettre en vente l'alcool industriel à bon marché, mais encore obtenir une fixité, sinon complète du moins approximative, du prix de vente.

Si cette fixité du prix a une importance considérable pour l'alcool dénaturé à l'aide du dénaturant général, et spécialement destiné au chauffage, à l'éclairage et à la force motrice, un cours normal et peu variable est non moins nécessaire pour toutes les industries autorisées à employer des dénaturants spéciaux, surtout lorsque les produits de leur fabrication doivent se trouver, sur les marchés étrangers, en concurrence avec les marques allemandes.

On doit également reconnaître que, même pour les fabrications déstinées à une consommation indigène, les conditions

1. Congrès des études économiques pour les emplois industriels de l'alcool, Paris, 1903.

d'existence d'une industrie deviennent absolument anormales et précaires lorsque l'une des matières premières indispensables est sujette à des variations de cours aussi subites que considérables.

On peut en juger par le calcul suivant emprunté à M. Douge (1) et relatif à la fabrication de la soie artificielle par le procédé Chardonnet :

Elle (l'usine de Besançon) consomme annuellement par jour 7.000 litres d'alcool; le cours étant de 43 fr. l'hectolitre, sa dépense, de ce chef, est de 7.000 × 0,43 = 3.010 francs

Son concurrent allemand payant l'alcool 25 fr. l'hectolitre, dépenser seulement 7.000 × 0,25 = 1.750 francs

Différence : . 1.260 francs

Il en résulte que, dans une année de 300 jours de travail, l'usine française dépense :

300 × 1.260 = 378.000 francs.

de plus que sa concurrente en Allemagne ?

Comment donc les Allemands sont-ils arrivés à obtenir un prix réduit et fixe ?

C'est, nous l'avons vu au chapitre III, grâce à des mesures fiscales très favorables et à l'organisation de la « Centrale fur Spiritus Ververtung » qui, en réunissant dans une seule main la vente de tous les alcools, a permis d'élever les cours des alcools de consommation de bouche, de réduire proportionnellement ceux des alcools destinés aux usages industriels, et d'obtenir enfin la quasi fixité des prix sans laquelle l'écoulement régulier et progressif de l'alcool dénaturé est impossible.

Un résultat analogue pourrait-il être obtenu en France ?

C'est ce qui sera étudié dans le chapitre suivant.

1. Congrès des études économiques. Paris, 1903.

RÉSUMÉ

La différence de consommation de l'alcool dénaturé en France et en Allemagne tient à quatre causes principales :

A). — La densité de la population allemande qui dépasse de 2/6 celle de la population française ;

B). — Le développement de l'industrie chimique allemande ;

C). — L'organisation syndicale de la « Centrale fur Spiritus Ververtung », qui a permis la vente de l'alcool dénaturé à un prix réduit et presque fixe ;

D). — Les primes et les facilités de ventes accordées, par le gouvernement allemand, à l'alcool dénaturé.

CHAPITRE XII

DES MOYENS A METTRE EN ŒUVRE POUR AUGMENTER, EN FRANCE, L'ÉCOULEMENT DE L'ALCOOL DÉNATURÉ.

Parmi les causes qui viennent d'être étudiées et qui expliquent le grand écoulement, en Allemagne, de l'alcool destiné aux usages industriels, il en est qui pourraient, moyennant un faible effort, être réalisées en France.

Elles peuvent se résumer à trois points principaux :

1° Formalités de ventes et d'emploi ;
2° Tarifs de transport ;
3° Fixité du prix.

Formalités de ventes. — Les formalités auxquelles la vente et la détention des alcools dénaturés sont assujetties en France ont souvent gêné les transactions commerciales et ce n'est que progressivement qu'elles ont été amendées.

Aujourd'hui les marchands en gros et les détaillants en alcools dénaturés (1) sont tenus de se pourvoir d'un *carnet d'autorisation* dont chaque souche porte le nom d'attestation.

Lorsqu'ils veulent passer une commande, à un distillateur, ils sont dans l'obligation de lui faire parvenir une attestation, détachée du carnet d'autorisation, et portant la signature du

1. Blondel. Rapport présenté au Congrès des applications de l'alcool dénaturé, décembre 1902.

chef du service des Contributions indirectes de leur résidence.

Cette pièce établit, une fois pour toutes, vis-à-vis du même fournisseur, que l'acheteur est bien autorisé à vendre de l'alcool dénaturé.

Cette formalité du carnet d'autorisation ne présenterait pas de graves inconvénients si elle n'était imposée qu'à des négociants rompus aux règlements administratifs, mais elle l'est également aux particuliers qui veulent recevoir des alcools dénaturés de chez des marchands en gros et il en résulte souvent des complications fort préjudiciables à l'écoulement de l'alcool destiné à l'éclairage, au chauffage ou à la force motrice.

On conçoit, en effet, que lorsqu'un particulier consomme pour son usage personnel (éclairage ou chauffage) des quantités importantes d'alcool, il ait intérêt à s'adresser directement à un producteur dénaturateur ou marchand en gros et qu'il puisse lui être désagréable d'être obligé, dans ce but, à des démarches souvent suivies de la visite des employés du fisc.

Le fournisseur est également tenu de dresser, pour chaque envoi, un bulletin de livraison qu'il doit déposer à la recette buraliste en même temps que sa demande d'expédition.

C'est cette déclaration qui permet au service de la régie de suivre la marchandise jusqu'au lieu de destination ce qui, nous le reconnaissons, donne une grande sécurité au Trésor, mais crée souvent au consommateur de graves ennuis.

Si le destinataire a omis de faire une demande régulière l'autorisant à recevoir des alcools dénaturés, c'est souvent le dénaturateur ou le marchand en gros qui en est seul rendu responsable et il en résulte une entrave sérieuse pour les transactions. Il est évident que les droits considérables, qui frappent les alcools de consommation de bouche, nécessitent une législation sévère permettant au service de la Régie de suivre les alcools et d'éviter ainsi les tentatives de régénération, mais il ne faut pas tomber dans l'excès contraire et amener les consommateurs de quantités importantes d'alcool à renoncer à son emploi pour s'adresser à nouveau à l'essence.

Ne pourrait-on pas dire, si l'on ne craignait d'être taxé d'ironie, que rien n'empêche un fraudeur de se procurer, dans les grands centres, de l'alcool, au litre, dans différentes épiceries et de pratiquer la fraude avec de grandes garanties!!! et qu'il est sans doute exagéré de ne favoriser exclusivement que la fraude sur une petite échelle !

L'Administration met aussi nos savants en état d'infériorité vis-à-vis de leurs collègues étrangers en ne dégrevant pas l'alcool destiné à être employé dans les laboratoires et cependant il paraîtrait très facile d'obtenir des professeurs, ou des chimistes notoirement connus, de surveiller spécialement la consommation de l'alcool qu'ils se procureraient.

Les emplois de l'alcool pour la fabrication des produits chimiques demanderaient aussi à être favorisés.

C'est ainsi que les marchés d'exportation sont complètement fermés à certaines usines qui emploient de l'alcool pour lequel elles sont obligées d'acquitter les droits.

Ces droits de consommation, en effet, ne leur sont remboursés qu'à la sortie en douanes et comme, pendant la durée de la préparation des produits fabriqués par l'usine (parfumerie, alcaloïdes, etc.), il se produit forcément un déchet d'alcool par suite d'évaporations ou autres causes de pertes, il en résulte une freinte importante qui place l'industriel français dans un état d'infériorité notoire.

Qu'ont fait dans ce cas les Allemands ? Ils ont créé des usines cadenassées (1) où les agents du fisc, sans avoir un droit d'entrée ou de visite, ce qui peut présenter certains inconvénients pour les usiniers ayant des secrets de fabrication, n'exercent qu'un droit de contrôle à l'entrée et à la sortie des marchandises.

La surveillance à l'entrée a pour but d'assurer à l'industriel allemand, non seulement le bénéfice de la décharge de tous

1. Arachequesne. Congrès des études économiques pour les emplois industriels de l'alcool. Paris, 1903.

droits de douane sur les matières premières provenant de l'étranger, et l'exemption de tous les impôts frappant les produits indigènes, comme l'alcool, mais encore de lui accorder l'allocation des primes d'exportation.

Rien n'empêcherait, semble-t-il, de créer en France, pour les industries à base d'alcool, des usines régies par une même législation que les usines cadenassées allemandes et il en résulterait certainement un essor nouveau pour les usages où l'alcool peut servir à la fois comme véhicule momentané (extraction des alcaloïdes, préparation de la poudre sans fumée, du celluloïd, de la soie artificielle, etc.), comme véhicule permanent (parfumerie, vernis, collodions, pharmacie) et comme matière première (éther, chloroforme, chloral, vinaigre, fulminates, etc.).

L'établissement d'usines de cette nature serait d'autant plus nécessaire que la concurrence oblige les industriels à trouver, à l'exportation, un écoulement nouveau dans le but de réduire, par une fabrication intensive, la quote part de frais généraux frappant chacun de leurs produits.

C'est, du reste, ces facilités qui ont été pour beaucoup dans le développement de l'industrie chimique allemande et ont donné une avance considérable aux Allemands sur leurs concurrents français.

Comment nos nationaux pourraient-ils lutter puisque, non seulement ils se trouvent en état d'infériorité par la nécessité où ils sont de payer les droits de consommation sur l'alcool perdu pendant la fabrication, mais aussi que les concurrents allemands reçoivent une prime de 6 marks par hectolitre d'alcool exporté, soit en nature, soit à l'état de produits fabriqués ?

Il y a là, il faut bien le reconnaître, une situation très grave et digne d'attirer tout particulièrement l'attention des pouvoirs publics et l'on ne saurait mieux faire, pour donner un exemple, que de reproduire l'avis de M. Darrasse, secrétaire du Syndicat des Parfumeurs, sur cette question. Voici les paroles qu'il a prononcées au Congrès des études économiques pour les emplois industriels de l'alcool :

« Une enquête faite en 1889, à l'occasion de l'Exposition universelle, prouvait que la parfumerie française faisait déjà un chiffre d'affaires supérieur à 60 millions, dont environ 45 à l'exportation. Ces chiffres apparaîtront comme devant être très supérieurs à ceux des statistiques officielles, mais cela tient à ce que, dans les statistiques, une assez grande partie de la parfumerie, étant exportée avec d'autres articles, échappe à sa classification exacte, et aussi au fait que, depuis vingt ans, le prix de l'unité, kilogramme ou litre, n'a pas varié pour la statistique, tandis que dans la réalité la valeur de l'unité a beaucoup augmenté dans ces dernières années. La situation de l'industrie de la parfumerie doit donc être examinée à deux points de vue : exportation et vente à l'intérieur. Au point de vue de l'exportation, le système des usines cadenassées appliqué en Allemagne semble de nature à donner satisfaction à l'industrie de la parfumerie, d'autant plus qu'il faut remarquer que le droit de 220 francs par hectolitre n'est pas le seul que la production ait à supporter. En réalité les alcools de parfumerie sont frappés d'une charge presque double. Il faut, en effet, ajouter à ces 220 francs les divers droits d'entrée de banlieue et d'octroi des villes telles que Levallois. Saint-Denis, Pantin, où sont situées les usines. Le total de ces droits atteint presque ceux de Paris qui sont de 116 francs. Ainsi par exemple, pour Saint-Denis, ils s'élèvent à 390 francs.

« Les produits exportés sont bien exonérés en partie de ces droits mais non totalement, parce que nos fabrications donnent lieu à des pertes d'alcool qui ne sont pas couvertes par les déductions légales, d'où il résulte, en fin d'année, des manquants passibles des droits ci-dessus et, par conséquent, une charge que ne connaissent pas nos concurrents allemands.

« De ce chef, l'industrie française est en situation d'infériorité pour l'article d'exportation, puisque, non seulement ses concurrents n'ont pas cette charge des droits sur l'alcool, mais encore travaillent à l'abri des droits de douane considérables que les produits français payent à leur entrée dans tous les pays du monde. La conséquence de cette situation a été l'obligation, pour un certain nombre de fabricants français, d'établir des ateliers de fabrication à Colmar, Mulhouse, Francfort, Cologne, Londres et New-York.

« Et cependant l'industrie de la parfumerie est essentiellement française, n'employant que des ouvriers français, et voilà du travail qui échappe à la main-d'œuvre française. De même, c'est une perte pour la distillerie, puisque c'est de l'alcool étranger qui est employé dans ces fabriques. Le système des usines cadenassées peut donc avoir quelque efficacité pour remédier à cette situation.

« Mais, si l'industrie de la parfumerie est surtout exportatrice, il n'en est pas moins vrai que le marché intérieur a une grande importance et que cette importance augmenterait considérablement sans l'entrave des droits sur l'alcool. Les progrès de la fabrication ont mis les produits à la portée de toutes les bourses, et les qualités hygiéniques de presque tous ces articles les font préconiser par les médecins ; mais les eaux de senteur sont assimilées aux boissons pour les droits à payer. Du fait de cette assimilation, un litre d'eau de Cologne vendu à Paris à des prix inférieurs à 4 francs, supporte environ 2 fr.60 de droits. Il reste donc 1 fr.40 pour le fabricant. Avec de telles proportions les droits appliqués aux alcools de la parfumerie, au même titre qu'aux alcools de bouche, constituent un empêchement considérable à l'expansion de cette industrie. Le développement normal des ventes se trouve entravé au grand détriment de l'hygiène et au grand dommage de la distillerie française. Aujourd'hui, c'est à peine 3.000 à 3.500 hectolitres d'alcool que la parfumerie emploie en France, et il n'est pas téméraire d'affirmer que ce chiffre pourrait doubler ou tripler, pour ne pas dire décupler, si ces produits étaient considérés comme alcools industriels. Il n'y a pas de doute que la vente atteindrait 40.000 hectolitres et la distillerie ne trouverait pas cette quantité négligeable.

« Le Syndicat de la parfumerie s'efforce, depuis plus de dix ans, d'arriver à ce résultat. Il avait institué un prix de 50.000 francs pour l'invention d'un dénaturant spécial. Plus de trente chimistes français avaient soumis des propositions, aucune n'a réuni les conditions du programme et le prix n'a pu être attribué. Ce concours avait été organisé sur les conseils mêmes du Directeur général des Contributions indirectes alors en fonctions. Malgré cette intervention, on disait, au cours des études des diverses propositions de dénaturants, que même si le dénaturant rêvé était trouvé, la Régie ne reconnaîtrait pas aux parfumeurs le droit de l'employer. C'est contre cette situation qu'il y a lieu de protester sans cesse.

« Si l'impossibilité de trouver un dénaturant spécial pour les alcools de parfumerie est reconnue, il est indispensable que ces alcools cessent d'être assimilés aux boissons et soient considérés comme alcools dénaturés. Ne contiennent-ils pas d'ailleurs, en forte proportion, des produits d'odeur agréable, mais de goût trop fort pour être ingérés et surtout de prix fort élevés, en sorte que l'alcool n'y représente qu'une valeur infime. Sur la valeur totale d'une eau de senteur de 12 à 15 francs le litre par exemple, la valeur de l'alcool est de 0 fr. 40. Il est bien évident que le fraudeur n'ira pas détruire 12 francs de parfum pour récupérer 0 fr. 40 d'alcool. »

A ces desiderata des industries employant l'alcool, l'Administration, dont on ne peut suspecter les bonnes intentions puisqu'elle a ces dernières années fait des concessions (1) réelles, répond :

1° Qu'au point de vue général, si elle est disposée à accorder de nouvelles facilités, elle ne saurait aller jusqu'à la suppression complète des formalités de circulation puisque c'est le seul moyen qu'elle a d'éviter la constitution de dépôts clandestins où l'alcool dénaturé serait régénéré.

1. Louis Martin. Commission extra-parlementaire. Paris, 1905.

2° Que l'on peut se demander si, en toute équité, l'alcool employé en parfumerie (industrie de luxe) n'est pas imposable au même titre que l'alcool destiné à la consommation de bouche, bien entendu, au simple point de vue de la vente en France.

3° Que l'État, voudrait-il assimiler l'alcool employé en parfumerie à l'alcool dénaturé, ne pourrait pas le faire puisqu'il ne lui a pas encore été soumis de dénaturant qui, tout en ne présentant pas d'inconvénients pour la fabrication, lui donne les garanties nécessaires.

4° Que le régime de l'entrepôt donne les mêmes résultats que les usines cadenassées sans créer des frais exagérés qui seraient à supporter par les industriels.

Tarifs de transports. — La question des frais de transport joue un rôle important dans la vente de l'alcool dénaturé puisque ce produit a comme concurrent direct le pétrole et l'essence. Ces deux corps bénéficient-ils, sur un réseau, d'un tarif inférieur à celui appliqué à l'alcool, voici ce dernier produit dans un état d'infériorité sérieux.

L'étude des tarifs appliqués à l'alcool a été faite au congrès des études économiques pour les emplois industriels de l'alcool (Paris 1903) par M. Blondel et M. Rémy et nous empruntons à ce dernier auteur deux des principaux tableaux qu'il a publiés.

De l'analyse de ces tableaux, il ressort que, sur la plupart des Compagnies, les flegmes et alcools ordinaires sont grevés de frais de transports plus élevés que les pétroles. Il y a là une situation tout à fait anormale puisqu'il serait simplement logique que le produit national, l'alcool, fût, sinon favorisé, du moins placé sur le même pied que le produit étranger, le pétrole.

Tableau comparatif des prix de transport par chemin de fer des alcools dénaturés et des pétroles.

Distance en kilomètres	PRIX DES TARIFS SPÉCIAUX SUR CHAQUE COMPAGNIE — NORD				ÉTAT			MIDI		OUEST		Tarif commun 115 applicable au Nord et à l'Ouest
	Alcools dénaturés		Pétroles		Alcools dénaturés	Pétroles		Alcools dénaturés	Pétroles	Alcools dénaturés	Pétroles	
	4 000	8.000	4.000	8.000		4.000	8.000					
	fr. c.	fr. c.	fr. c.	fr. c.	fr. c.	fr. c.	fr. c.	fr. c.	fr. c.	fr. c.	fr. c	fr. c.
50 . . .	4 »	3 50	3 50	3 »	4 »	4 »	4 »	(1)	8 »	5 »	4 »	2 80
100 . . .	7 25	6 »	6 »	5 »	6 »	6 »	4 80	12 »	16 »	9 »	8 »	4 80
150 . . .	9 75	7 75	7 75	6 50	8 65	8 65	»	15 50	24 »	12 50	11 50	6 20
200 . . .	11 50	9 50	9 50	8 »	11 »	11 »	8 »	19 »	32 »	16 »	15 »	7 60
250 . . .	13 15	10 65	10 65	9 10	13 15	13 15	10 »	22 50	40 »	18 25	18 50	8 50
300 . . .	14 65	11 75	11 75	10 »	15 »	15 »	12 »	26 »	48 »	20 50	22 »	9 40
350 . . .	»	»	»	»	16 25	17 50	14 »	28 25	56 »	22 75	25 »	(4)
400 . . .	»	»	»	»	17 50	20 »	16 »	29 05	63 50	25 »	28 »	»
450 . . .	»	»	»	»	18 75	22 50	18 »	30 55	»	27 25	»	»
460 . . .	»	»	»	»	»	»	»	(2)	»	30 »	»	»
500 . . .	»	»	»	»	20 »	25 00	20 »	»	»	(3)	»	»
700 . . .	»	»	»	»	»	»	»	»	»	»	»	15 80

1. A partir de 100 kilomètres seulement ou payant pour 100 kilomètres.
2. Au delà de 450 kilomètres, 0 fr. 30 par kilomètre, soit 3 francs par 100 kilomètres.
3. Ce dernier prix est un maximum, tous frais compris.
4. Au delà de 300 kilomètres, 0 fr. 016 par kilomètre.

Tableau comparatif des prix de transport par chemins de fer des flegmes, alcools ordinaires et des pétroles.

Distance en kilomètres	PRIX DES TARIFS SPÉCIAUX SUR CHAQUE COMPAGNIE (1) — NORD (2) Flegmes	Nord (2) Alcools ordinaires	Nord (2) Petroles 4.000	Nord (2) Petroles 8.000	EST (3) Flegmes et Alcools (8)	Est (3) Pétroles 5.000	Est (3) Pétroles 10.000	LYON (4) Flegmes et Alcools (9)	Lyon (4) Pétroles	ORLÉANS (5) Flegmes et Alcools (8)	Orléans (5) Pétroles	ÉTAT Flegmes et Alcools ordinaires	État Pétroles 4.000	État Pétroles 8 000
	fr. c.	fr. c.	fr. c.	fr. c.	fr. c.	fr. c	fr. c.	fr. c.	fr. c.	fr. c.	fr. c	fr. c.	fr. c.	fr c
50. . .	4 »	4 50	3 50	3 »	3 »	4 »	4 »	4 »	4 50	6 »	6 »	4 »	4 »	4 »
100 . .	8 »	9 »	6 »	5 »	10 50	8 »	8 »	8 »	9 »	12 »	12 »	6 »	6 »	4 80
150. . .	11 »	12 50	7 75	6 50	10 50	10 »	10 »	12 »	13 »	16 »	17 50	8 65	8 65	6 »
200. . .	14 »	16 »	9 50	8 »	13 50	12 »	12 »	15 50	17 »	20 »	23 »	11 »	11 »	8 »
250. . .	16 »	18 25	10 65	9 »	16 50	14 »	13 50	17 50	20 25	24 »	28 50	13 15	13 15	10 »
300. . .	18 »	20 50	11 75	10 »	19 50	16 »	15 »	19 50	23 50	28 »	34 »	15 »	15 »	12 »
350. . .	»	»	»	»	»	»	Au delà 0 fr. 02 par kilom ou 2 francs par 100 kilomètres	21 50	26 75	30 »	39 »	17 50	17 50	14 »
400. . .	»	»	»	»	»	»		23 50	30 »	32 »	42 »	20 »	20 »	16 »
450. . .	»	»	»	»	»	»		»	»	»	»	22 50	22 50	18 »
460. . .	»	»	»	»	»	»		25 90	33 »	»	»	»	»	»
500. . .	»	»	»	»	»	»		27 50	35 »	»	»	»	25 »	20 »
550. . .	»	»	»	»	»	»		»	»	»	»	»	»	»
560. . .	»	»	»	»	»	»		29 90	38 »	»	»	»	»	»
600. . .	»	»	»	»	»	»		31 50	40 »	»	»	»	»	»
650. . .	»	»	»	»	»	»		»	»	»	»	»	»	»
660. . .	»	»	»	«	»	»		»	»	»	»	»	»	»
700. . .	»	»	»	»	42 »	»	23 »	»	»	»	»	»	»	»

1. Les prix indiqués dans chaque colonne sont ceux par tonne de 1.000 kilogrammes, ils ne comprennent aucuns frais accessoires, lesquels sont décomptés ci-dessous :

Frais accessoires — Les frais accessoires sont ceux de chargement, de déchargement et de gare et doivent se décompter ainsi : 0 fr. 30 par tonne ; déchargement : 0 fr. 30 par tonne ; frais de gare : 0 fr. 40 par tonne.

2. Pour la Compagnie les expéditions d'alcools et de flegmes peuvent avoir lieu en wagons réservoirs dont le tonnage doit atteindre 8.000 kilos, sauf pour ceux admis à circuler antérieurement au 1er juillet 1893 et dont le tonnage peut être abaissé à 6.000 kilos.

(Voir Tableau suivant, Notes 3, 4, 5, 8 et 9).

Tableau comparatif des prix de transport par chemins de fer des flegmes, alcools ordinaires et des pétroles (*suite*).

Distance en kilomètres	PRIX DES TARIFS SPÉCIAUX SUR CHAQUE COMPAGNIE (1)						
	MIDI		OUEST			Tarifs communs 106 (6), 115 (7)	
	Flegmes et Alcools ordinaires	Pétroles	Flegmes	Alcools ordinaires	Pétroles	Flegmes et Alcools ordinaires	Pétroles bruts
	fr c.	fr c.	fr. c.	fr. c.	fr. c.	fr. c.	fr. c.
50. . .	6 »	8 »	4 »	5 »	4 »	»	2 80
100. . .	12 »	16 »	8 »	9 »	8 »	»	4 80
150. . .	15 75	24 »	11 50	12 50	11 50	»	6 20
200. . .	19 50	32 »	15 »	16 »	15 »	»	7 60
250. . .	23 25	40 »	18 50	18 25	18 50	»	8 50
300. . .	27 »	48 »	22 »	20 50	22 »	28 »	9 40
350. . .	30 05	56 »	25 »	22 75	25 »	30 »	
400. . .	32 05	63 50	28 »	25 »	28 »	32 »	
450. . .	»	»	»	27 25	»	»	Au delà
460. . .	»	»	»	30 »	»	33 »	
500. . .	»	»	»	Ce dernier	»	35 »	0 fr. 10
550. . .	»	»	»	prix	»	»	
560. . .	»	»	»	est un prix	»	36 80	par
600. . .	»	»	40 »	maximum	40 »	38 »	
650. . .	»	»	»	tous frais	»	»	kilomètre
660. . .	»	»	»	compris	»	39 80	
700. . .	»	»	»	30 »	»	41 »	

COMPARAISON DE DIFFÉRENTS PRIX FERMES
(Ces prix comprennent les frais accessoires)

COMPAGNIE DE LYON.

Alcools et flegmes.

Sens à Paris (112 kilom.). . . .	6 fr.
Tonnerre à Paris (196 kilom.) . .	10 fr.
Paris à Lyon et *vice versa* (493 km.)	25 fr.

Pétroles.

Paris à Dijon (316 kilom.) . . .	20 fr.
Paris à Besançon (408 kilom.) .	23 fr.
Paris à Lyon et *vice versa* (493 km.)	25 fr.

COMPAGNIE D'ORLÉANS.

Alcools et flegmes.

Sully-s/-Loire à Paris (167 km.)	13 fr. 50
Néroudes à Paris (266 kilom.) .	20 fr.

Pétroles.

Tours à Angoulême et *vice versa* (214 kilom.)	15 fr.
Tours à Bordeaux et *vice versa* (347 kilom.).	23 fr.
Tours à Moulins et *vice versa* (304 kilom.)	25 fr.

1. *Voir Tableau précédent.*
3. Les frais de cette Compagnie pour les flegmes et alcools comprennent les frais accessoires, ces prix sont d'ailleurs les mêmes par wagons complets et sans condition de tonnage.
4. A partir de 400 kilomètres, la Compagnie de Lyon taxe par paliers de 20 kilomètres.
5. Les prix de cette Compagnie, pour alcools et flegmes, sont les mêmes sans condition de tonnage que par wagon complet.
6. Le Commun 106 ne concerne pas les Compagnies du Nord et de l'Est.
7. Le Commun 115 ne concerne pas les Compagnies du Nord et de l'Ouest.
8. Les alcools dénaturés ne sont pas repris aux tarifs spéciaux de ces Compagnies
9. Alcools dénaturés, mêmes prix que les flegmes et les alcools ordinaires.
10. Bareme applicable à partir de 300 kilomètres ou payant pour 300 kilomètres.

NOTA. — *Tous les prix indiqués sont ceux par wagon complet.*

Fixité du prix. — Un prix réduit et régulier joue, ainsi qu'il a été indiqué précédemment, un rôle capital dans l'écoulement de l'alcool industriel, mais on ne peut songer à obtenir ce résultat, en France, par un groupement des distillateurs comme celui réalisé en Allemagne par la « Centrale » car, toutes les fois que des tentatives ont été faites dans ce but, des oppositions d'intérêts irréductibles se sont élevées entre les différents producteurs d'alcool. La distillerie agricole voit un adversaire dans la grande distillerie de betteraves qui, à son tour, voue aux gémonies la distillerie de mélasses.

Personne ne fait taire ses intérêts personnels devant l'intérêt général et le dieu spéculation règne en maître sur le marché de l'alcool, faisant varier les cours au gré de ses caprices.

Les prix de vente sont-ils rémunérateurs? Distillateurs de toute couleur oublient l'alcool destiné aux usages industriels. Notre fabrication trouve un écoulement facile; pourquoi, s'écrient-ils, ferions-nous des sacrifices pour développer les emplois de l'alcool pour le chauffage et l'éclairage ?

L'alcool baisse-t-il au-dessous de son prix de revient? La chanson change et c'est le règne des plaintes qui commence. Députés et sénateurs voient leurs cabinets remplis de solliciteurs qui viennent les supplier d'intéresser au sort de leur industrie périclitante cet excellent maître Jacques que doit être l'État! Demandes de primes, élévation de droits sur les pétroles, *tout enfin pour l'alcool et par l'alcool*, c'est le cri angoissé qui s'échappe de toutes les poitrines.

Le péril éveille même, chez nos distillateurs, l'instinct de la solidarité et des sociétés se fondent pour défendre les intérêts menacés de la distillerie.

Sans médire de ces groupements qui, pour n'en citer qu'un : « La Société technique pour l'emploi industriel de l'alcool », a rendu de très signalés services à la cause des alcools destinés aux usages industriels, la vérité oblige à dire qu'au versement d'une cotisation minime s'arrête, souvent, la grande ardeur d'union des distillateurs.

C'est ainsi qu'il y a quelques années, un comité qui s'était fondé pour créer, dans Paris, un grand magasin de vente destiné à faire connaître au public les appareils utilisant l'alcool, et qui cherchait un capital de 30.000 francs, a pu difficilement réunir une somme de 12.000 francs.

Nous sommes bien loin du budget de publicité de la « Centrale » allemande !

Il est vrai que beaucoup d'industriels donnent comme raison à leur répugnance à se grouper en une vaste union syndicale le respect de la loi. Ils brandissent comme un épouvantail l'article 419 du Code pénal oubliant, nous semble-t-il, que la jurisprudence a parfaitement reconnu la légitimité des comptoirs de vente.

Faut-il donc renoncer, en présence de ces difficultés, à chercher les moyens de régulariser les cours des alcools ? Nous ne le croyons pas, puisque, parmi les différents sytèmes relatifs à la fixité du prix de l'alcool qui ont été proposés, il en est qui, tout en conciliant les divers intérêts en présence, en respectant même la sacro-sainte spéculation, pourraient permettre d'atteindre le but si désiré.

Parmi ces systèmes, nous étudierons successivement :

1° Le monopole de l'alcool ou de la dénaturation ;

2° La création, sous le contrôle de l'État, d'une Société coopérative pour l'achat et la vente de l'alcool;

3° La dénaturation obligatoire;

4° L'extension du principe de la taxe et de la ristourne.

A). — *Monopole d'État.* — Cette solution au problème qui a été proconisée par M. Alglave (1) a rencontré, parmi la plupart des intéressés, une grande opposition, soit que le monopole fût limité à la dénaturation, soit qu'il fût étendu à la fabrication ou la vente de tous les alcools.

A son sujet, on a entendu répéter les critiques qui, de tous

1. Congrès des Études économiques pour les emplois industriels de l'alcool. Paris, 1903.

temps, ont été adressées aux tentatives industrielles de l'État : mauvaise qualité et prix de revient élevé des produits obtenus, atteinte à la liberté commerciale et industrielle! Le mot de tentative de collectivisme a même été prononcé et il n'en fallait guère plus pour faire repousser toute idée de monopole avec un admirable ensemble.

Agriculteurs, distillateurs, dénaturateurs, intermédiaires, presque tous ont été, pour une fois, d'accord, et, ne serait-ce qu'à ce simple point de vue, le fait méritait d'être signalé.

A côté du monopole de tous les alcools, il a été préconisé le monopole de l'alcool dénaturé ainsi qu'un autre système, brillant tout au moins par son originalité. Il aurait consisté à monopoliser la vente du pétrole pour que l'État vendant ce produit à des prix très élevés l'alcool trouve, de ce fait, de plus grandes facilités pour son écoulement.

B). — *Création d'une société coopérative.* — Le peu de succès des systèmes relatifs au monopole d'État a amené M. Petit (1) à proposer la solution suivante :

« Création entre les producteurs d'alcool d'une Société coopérative pour l'achat de l'alcool devant être dénaturé et la vente de l'alcool dénaturé.

« Cette Société serait gérée, sous le contrôle de l'État, par un conseil d'administration nommé par les producteurs d'alcool.

« Elle achèterait, au mieux de ses intérêts, l'alcool nécessaire à la dénaturation.

« Elle serait autorisée à percevoir, chez les producteurs d'alcool, à la fabrication, une taxe calculée de telle façon que son prix d'achat soit ramené à 25 francs.

« L'État fournirait gratuitement à la Société le dénaturant nécessaire.

« La Société devrait vendre l'alcool dénaturé à son prix de revient, c'est-à-dire de façon à ne réaliser ni perte ni gain.

1. Congrès des Études économiques pour les emplois industriels de l'alcool. Paris, 1903.

« La Caisse des dépôts et consignations serait autorisée à avancer à la Société l'argent qui lui serait nécessaire pour constituer son fonds de roulement. »

Le système de M. Petit ne semble pas, malgré certains avantages, avoir été accueilli très favorablement.

S'il laisse, en effet, au fabricant, la liberté de n'envoyer à la dénaturation que les quantités lui convenant, il supprime, en revanche, les dénaturateurs qui ont soutenu, plus que quiconque, le bon combat pour développer les emplois industriels de l'alcool, et il n'échappe pas à la critique de ceux qui ne veulent accepter, à aucun prix, l'ingérence de l'État dans une coopérative de producteurs.

C'est, en un mot, un système mixte, tenant le milieu entre l'union syndicale comme l'ont réalisée les Allemands (et ceci sans crainte de tomber sous le coup de l'article 419), le monopole par l'État, et la dénaturation obligatoire.

Dénaturation obligatoire. — C'est à M. Léon Martin, ancien député et ancien président du syndicat de la Distillerie agricole, que revient l'idée d'envoyer obligatoirement à la dénaturation une partie de l'alcool fabriqué (1).

A ses yeux, tout hectolitre d'alcool brut, ou flegmes, renferme deux litres d'alcool impur qui devraient être retranchés de la consommation humaine et, grâce à une loi, être employés exclusivement aux usages industriels.

Les arguments de M. Martin en faveur de son système sont les suivants :

Certaines années de grande production, les cours de l'alcool sont si bas que toutes les usines sont en perte et qu'il en résulte une situation critique pour l'agriculture; si donc l'on dénature 25 0/0 de la production, on soulagera d'autant le marché des alcools destinés à la consommation de bouche, les prix se relèveront très sensiblement, et il sera possible, par conséquent, de vendre à des limites réduites l'alcool dénaturé.

1. Congrès des Études économiques pour les emplois industriels de l'alcool. Paris, 1903.

D'après M. Martin il n'y aurait pas à craindre de manquer d'alcool, et par conséquent de voir les prix atteindre des cours exagérés, puisque l'agriculture française, trouvant un débouché régulier, pourrait produire de l'alcool partout : dans le nord avec la betterave ; dans l'est et l'ouest avec la pomme de terre ; dans le centre et le midi avec le topinambour, le seigle et le maïs.

La dénaturation obligatoire comporterait, nécessairement, la rectification obligatoire et il en résulterait que les 25 0/0 d'alcool dénaturés seraient composés des têtes et des queues de distillation, ce qui améliorerait très sensiblement la qualité des alcools de consommation de bouche.

L'intérêt de l'agriculture se concilierait alors avec l'intérêt sanitaire qui exige que la qualité de l'alcool consommé comme aliment soit améliorée, et que le produit soit d'un prix élevé pour réduire, autant que faire se peut, les ravages causés par l'alcoolisme.

Ce raisonnement, si brillant soit-il, a rencontré de fougueux adversaires qui se sont élevés, une fois de plus, contre l'idée d'une disposition législative qui, en décrétant la dénaturation obligatoire de l'alcool fabriqué, retirerait au producteur la libre disposition de sa marchandise et porterait atteinte à sa liberté commerciale et industrielle. Aux yeux de beaucoup de distillateurs, en effet, ce ne serait là qu'un monopole déguisé et le producteur se trouverait dans l'obligation de faire un sacrifice puisque, en réalité, il s'agirait de mettre à la disposition du consommateur des alcools à un prix inférieur à leur prix de revient.

En outre, il ne serait pas possible de connaître d'avance l'importance de ce sacrifice puisque le quantum soumis à la dénaturation devrait évidemment varier avec le chiffre de consommation. Il a été demandé également qui ferait varier ce quantum dont l'élévation doit être soigneusement étudiée, pour que l'on n'ait pas à craindre des sauts brusques dans les cours de l'alcool dénaturé.

Il est facile de comprendre que si une cause subite augmentait considérablement la consommation industrielle de l'alcool, sans que le taux de la dénaturation ait été élevé à temps, il en résulterait une ascension rapide des cours. L'inverse pourrait aussi se produire; et si le projet de M. Martin permettait d'obtenir, les premières années, un abaissement sensible des prix de vente, on peut croire qu'il n'en assurerait pas la fixité.

Il y a lieu de remarquer que l'envoi obligatoire à la rectification de tous les alcools produits par les distillateurs agricoles empêcherait ces derniers, fabriquant les flegmes à haut degré, de les envoyer directement, comme aujourd'hui, chez le dénaturateur (1), ce qui ne serait pas sans présenter un sérieux inconvénient au point de vue de la qualité de l'alcool.

On verra plus loin à quel point les impuretés de l'alcool peuvent être préjudiciables à son emploi pour l'éclairage et la force motrice et que les flegmes, provenant de la distillerie agricole, sont, généralement, plus purs que les alcools mauvais goût constitués par les têtes et les queues des rectifications.

La dénaturation obligatoire, appliquée aux alcools d'industrie, constituerait enfin une véritable taxe différencielle entre ceux-ci et les alcools de fruits, ce qui suffit à expliquer la levée de boucliers d'un grand nombre de distillateurs du Nord!

Extension du principe de la taxe et de la ristourne. — L'adoption de l'un quelconque des systèmes qui viennent d'être passés en revue constituerait un véritable saut dans l'inconnu.

Le monopole et la dénaturation obligatoire, en effet, aussi bien que la constitution d'une société coopérative fonctionnant sous le contrôle de l'État, sont évidemment des solutions au problème posé; mais on est en droit de se demander si leur application ne révélerait pas de très sérieux inconvé-

1. Paul Barbier. Congrès des études économiques. Paris, 1903.

nients dont les moindres pourraient être ceux qui ont été signalés plus haut.

Tout autre, au contraire, serait l'extension du principe de la taxe et de la ristourne.

Conformément à l'article 59 de la loi de finances, tout hectolitre d'alcool pur, sortant de distillerie, est frappé d'une taxe de 1 fr. 72 servant à constituer une caisse grâce à laquelle l'État ristourne 9 francs aux dénaturateurs pour tout hectolitre d'alcool soumis à la dénaturation ; ceci, en remboursement du coût du dénaturant.

Depuis le 1er janvier 1902, le service de ces taxes et ristourne est assuré de façon régulière par l'Administration des Contributions indirectes, à la grande satisfaction des intéressés, et M. Douge a pensé (1) qu'il serait possible de constituer, par une opération similaire, une prime à l'alcool dénaturé.

En frappant tout hectolitre sortant de distillerie d'une taxe fixe, il serait facile de créer une caisse où serait puisée une ristourne dont le montant (variable suivant les cours de l'alcool) serait versé aux dénaturateurs et permettrait d'obtenir un prix de vente, presque fixe, de l'alcool dénaturé.

On doit dire presque fixe, car il est indispensable de laisser la liberté au commerce, les prix de vente réduits devant s'établir naturellement du fait même de la concurrence.

Sans nous en tenir strictement au système préconisé par M. Douge, nous avons cherché à représenter, par une formule, l'importance de la ristourne et de la taxe, pour le cas où l'on voudrait obtenir la quasi fixité des prix de l'alcool industriel.

1. Congrès des études économiques. Paris, 1903
Rapport de la commission mixte de la société technique de l'alcool et de la Société des agriculteurs du Nord. Paris, 1904.

Si l'on pose :

Consommation d'alcool dénaturé.......	D
Production totale d'alcool............	H
Cours de l'alcool 90 degrés en bourse...	C
Prix de vente fixe de l'alcool dénaturé...	V
Taxe..............................	T
Ristourne..........................	X

On aura :

$$V = (C + T) - X$$

d'où :

$$X = (C + T) - V \qquad (I)$$

La ristourne devra donc être égale au cours moyen de l'alcool (établi pour 1 mois ou 3 mois, suivant les nécessités du commerce), augmenté de la taxe et diminué du prix de vente fixe adopté pour l'alcool dénaturé.

Quant à la taxe, on en obtiendra la valeur en divisant, par le nombre total d'hectolitres d'alcool fabriqué, la ristourne multipliée par le nombre d'hectolitres d'alcool dénaturé consommé, et nous aurons :

$$T = \frac{(C + T) - V \times D}{H}$$

d'où l'on tire :

$$T = \frac{(C - V)\ D}{H - D} \qquad (II)$$

La taxe devra donc être égale à la consommation d'alcool dénaturé, multipliée par la différence entre le cours moyen de l'alcool et le prix de vente fixe adopté, et divisée par la différence entre la production totale d'alcool et la production d'alcool dénaturé.

L'étude des équations (I) et (II) indique qu'à certains moments, où les cours de l'alcool seront peu élevés, le montant de la taxe dépassera les sommes destinées à la ristourne et, qu'au contraire, lorsque les cours atteindront les taux élevés que l'on a connus il y a peu de temps, le montant de la taxe sera insuffisant, et que l'État devra faire l'avance des sommes nécessaires pour compléter la ristourne, quitte à augmenter l'année suivante le taux de la taxe, en supposant bien entendu que la taxe sera fixée annuellement, et que la ristourne sera établie mensuellement ou trimestriellement.

Le mode de faire que nous venons de signaler ne constituera pas une opération nouvelle de trésorerie, car c'est elle qui s'est présentée lorsque la taxe de fabrication, primitivement fixée à 0 fr. 88, a dû être portée à 1 fr. 38, puis à 1 fr. 72.

Il reste deux questions à élucider :

1° Qui devra payer la ristourne;
2° Quelle sera l'importance de la ristourne.

Pour le premier point, on ne saurait mieux faire que de proposer l'assimilation de la nouvelle ristourne à celle qui sert actuellement à rembourser le dénaturant, et, par conséquent, d'en faire supporter le paiement aux distillateurs qui rectifient les flegmes ou qui mettent en œuvre des matières autres que vins, cidres, poirés, lies, marcs et fruits (art. 59 de la loi de finances).

Il est évident que si le montant de la taxe nouvelle n'est pas assez élevé pour entraver l'écoulement de l'alcool, il y a lieu de fixer à la limite la plus réduite possible le prix de vente de l'alcool dénaturé, car ce sera là le seul moyen (le passé l'a prouvé lorsque l'alcool était à 28 francs), de développer rapidement les emplois industriels de l'alcool.

Si donc, lorsque l'alcool dénaturé était vendu 28 francs ou 30 francs ses emplois ont augmenté de plus de 100.000 hectolitres, on peut espérer qu'à 25 francs son écoulement sera encore plus rapidement accru.

Prenons donc comme base pour l'alcool dénaturé le prix de vente fixe de 25 francs, et acceptons comme prix moyen de l'alcool durant ces dernières années celui de 40 francs' puisque l'on a connu les limites extrêmes de 25 francs et de 55 francs.

On peut écrire, suivant les formules (I) et (II), et en remplaçant V et C par leurs valeurs, 25 francs et 40 francs :

$$X = 40 \text{ francs} + T - 25 \text{ francs}.$$

d'où l'on tire :

$$T = \frac{(40 + T - 25)\,D}{H}$$

et en simplifiant :

$$T = \frac{15\,D}{H - D}$$

A cette nouvelle taxe, ainsi établie, il y a lieu d'ajouter celle, existant déjà pour le remboursement du coût du dénaturant, de 1 fr. 72 par hectolitre d'alcool à 100 degrés ; tout hectolitre 90 degrés sortant de distillerie sera donc finalement frappé de :

$$\frac{15\,D}{H - D} + \frac{(1 \text{ fr. } 72 \times 90)}{100}$$

c'est-à-dire de :

$$\frac{15\,D}{H - D} + 1 \text{ fr. } 44$$

Exemple numérique. — Si l'on admet que l'abaissement à 25 francs l'hectolitre du prix de vente de l'alcool dénaturé permette d'atteindre, la première année, une consommation d'alcool dénaturé à 90 degrés de 500.000 hectolitres et que l'on puisse en conséquence poser :

1° Consommation d'alcool de bouche : 1.600.000 hectolitres
2° — — dénaturé : 500.000 —
Consommation totale : 2.100.000 —

On pourra écrire en appliquant la formule (II) :

$$\text{Taxe} = \frac{15 \times 500\,000}{2.100.000 - 500.000} = \textit{4 fr. 68}$$

Total des taxes par hectolitre d'alcool à 90 degrés :

4 fr. 68 + 1 fr. 44 = **6 fr. 12**

et en appliquant la formule (I), en désignant par T le total des deux taxes :

Ris tourne = (40 francs + 6 fr. 12) — 25 francs = **21 fr. 12.**

Nous devons signaler que les formules précédentes ne permettront pas d'obtenir le prix de vente absolument fixe de l'alcool dénaturé, puisque l'État n'a pas établi sa ristourne, pour le remboursement du dénaturant, de telle façon qu'elle varie suivant les cours de l'alcool et du méthylène. Lorsque l'alcool sera à un prix élevé, et le dénaturant à un cours réduit comme aujourd'hui, le dénaturateur pourra vendre son alcool dénaturé au-dessous de 25 francs l'hectolitre et, dans le cas contraire, la vente s'établira à 25 francs, 26, ou même 27 fr.

Mais, de toute façon, ces écarts seront sans importance pour l'écoulement du produit.

Addition à l'article 59 de la loi de finances. — Au point de vue législatif, le nouveau mode de faire ne nécessiterait pas la modification de l'article 59 de la loi de finances, mais simplement une addition à ce même article, puisque les facilités données à l'alcool dénaturé, en vue du développement de son emploi, comprendraient :

1° La taxe et la ristourne actuelles servant au remboursement du dénaturant général ;

2° Une nouvelle taxe et une nouvelle ristourne permettant d'abaisser à 25 francs environ le coût de l'hectolitre d'alcool à 90 degrés.

On voit, dans ces conditions, que les industries autorisées par le Comité consultatif des arts et manufactures à employer l'alcool pour certains usages industriels, sans qu'il soit dénaturé suivant la formule générale, pourraient bénéficier de la nouvelle ristourne, ce qui leur permettrait de lutter avantageusement contre la concurrence étrangère.

L'article 59 devrait donc être maintenu tel qu'il existe

actuellement, et complété par un article additionnel 59 *bis* relatif à la nouvelle taxe et à la nouvelle ristourne.

Le texte définitif pourrait être le suivant :

1° *Article 59.* — A partir du 1er janvier 1902, et pour tenir compte du coût du dénaturant, il sera alloué à forfait aux préparateurs d'alcools dénaturés destinés au chauffage, à l'éclairage ou à la production de la force motrice, une somme de 9 francs par hectolitre d'alcool pur soumis à la dénaturation. Le taux de cette allocation ne pourra être modifié que par la loi.

« Pour couvrir le Trésor de cette dépense, les distillateurs qui rectifient les flegmes, ou qui mettent en œuvre des matières autres que les vins, cidres, poirés, lies, marcs et fruits, seront tenus d'acquitter une taxe de fabrication de 0 fr. 80 par hectolitre d'alcool pur qu'ils feront sortir de leurs usines, sous déduction :

1° Des quantités directement exportées ;

2° Des quantités à l'état des flegmes dirigées sur d'autres usines pour y être rectifiées.

« Les sommes payées aux dénaturateurs seront portées au débit d'un compte à ouvrir parmi les services spéciaux du Trésor. Le compte sera crédité du produit de la taxe imposée aux distillateurs au paragraphe 2 ci-dessus.

« Dans le cas où le produit de cette taxe ne suffirait pas à couvrir la dépense, son taux serait relevé par un décret qui devrait être soumis à la sanction des Chambres avant le 1er avril, pour le nouveau taux être applicable à partir du 1er janvier suivant.

« Si le produit de la taxe était supérieur à la dépense, le taux en serait abaissé dans les mêmes conditions.

2° *Article 59 bis.* — A partir du 1er janvier 19.., et pour obtenir la vente à un prix fixe de l'alcool dénaturé, il sera alloué à forfait aux préparateurs d'alcools dénaturés destinés au chauffage, à l'éclairage et à la force motrice, ainsi qu'aux industries autorisées, par le Comité consultatif des arts et manufactures, à employer l'alcool pur pour les usages industriels, une somme fixe (établie mensuellement) par hectolitre d'alcool pur soumis à la dénaturation. Le taux de cette allocation sera déterminé chaque mois d'après les cours des mois précédents, et de telle façon que le prix de vente de l'alcool dénaturé soit de 25 francs environ.

« Pour couvrir le Trésor de cette dépense, les distillateurs qui rectifient des flegmes, ou qui mettent en œuvre des matières autres que les vins, cidres, poirés, lies, marcs et fruits, seront tenus d'acquitter une taxe de fabrication de 4 fr. 68 par hectolitre d'alcool pur qu'ils feront sortir de leurs usines, sous déduction :

« 1° Des quantités directement exportées;

« 2° Des quantités à l'état de flegmes, dirigées sur d'autres usines pour y être rectifiées.

« Les sommes payées aux dénaturateurs seront portées au débit d'un compte à ouvrir parmi les services spéciaux du Trésor. Le compte sera crédité du produit de la taxe imposée aux distillateurs au paragraphe 2 ci-dessus.

« Dans le cas où le produit de cette taxe ne suffirait pas à couvrir la dépense, son taux serait relevé par un décret qui devrait être soumis à la sanction des Chambres avant le 1er avril, pour le nouveau taux être applicable à partir du 1er janvier suivant.

« Si le produit de la taxe était supérieur à la dépense le taux en serait abaissé dans les mêmes conditions. »

Pour le cas où l'on craindrait que le montant de la taxe ne vienne trop grever les prix de vente de l'alcool, aux cours anormaux de 45 francs et 50 francs qui nécessiteraient une ristourne très élevée, il pourrait être ajouté à l'article 59 *bis* un dernier paragraphe ainsi conçu :

« Le taux de l'allocation, dont il est question au paragraphe 1 ci-dessus, ne pourra jamais dépasser la somme de 5 fr., et le taux de la ristourne la somme correspondante à la taxe de 5 francs, à moins qu'il n'en soit fixé autrement par une loi. »

Le système qui vient d'être exposé ne pourrait-il pas être facilement applicable ? Il semble que oui ; mais il lui a été adressé une critique qui paraît sérieuse.

Les distillateurs qui, grâce à une fabrication soignée, obtiennent pour leurs alcools une prime, sur les cours pratiqués en bourse, prétendent qu'ils ne pourront plus bénéficier de cet avantage le jour où la taxe de fabrication, au lieu de s'élever comme aujourd'hui à 1 fr. 72, atteindra 6 francs et qu'ils perdront ainsi une partie du fruit de leurs efforts (1).

Il est certain que les acheteurs ne pourront pas se résoudre facilement à payer, en sus du prix coté en bourse, non seulement une prime pour la qualité du produit, mais encore une taxe des plus importantes ; mais quelle est la réforme qui s'est faite sans léser quelques intérêts particuliers et n'est-on pas en droit de dire que les avantages considérables que le commerce des alcools retirerait de la fixité relative des cours, devraient inciter le Parlement à faire l'essai de l'un quelconque des moyens permettant de l'obtenir ?

1. Seratzki. Société des Agriculteurs de France.

RÉSUMÉ

Pour augmenter, en France, l'écoulement de l'alcool dénaturé, il y a lieu :

1° De faciliter les formalités de vente ;

2° De créer, pour les industries à base d'alcool, des usines régies par une même législation que les usines cadenassées ;

3° D'appliquer aux alcools dénaturés des tarifs de transports réduits ;

4° D'obtenir, par voie législative ou autre, la fixité du prix.

CHAPITRE XIII

ÉTUDE DE L'INFLUENCE DES FRAIS DE DÉNATURATION SUR L'ÉCOULEMENT DE L'ALCOOL INDUSTRIEL.

Le méthylène Régie et la benzine imposés par l'Administration comme dénaturant général ont eu de nombreux adversaires qui, par la voie de la presse, se sont efforcés de démontrer que c'est au prix de revient et à la nature de ces produits qu'est dû le peu de développement, en France, des emplois industriels de l'alcool.

Les frais de dénaturation sont de trois sortes :

1° Droits de l'État ;

2° Dépenses de matériel de main-d'œuvre ; freinte ;

3° Achat du dénaturant.

Taxes fiscales.

Elles sont au nombre de trois : le droit d'analyse, le droit de statistique, et la taxe de remboursement.

Taxe d'analyse. — Sur tout hectolitre d'alcool pur dénaturé il est perçu une taxe de 0 fr. 80 pour frais d'analyse (16 avril 1895) ce qui fait que, quelle que soit la contenance du bac où se fait le mélange de l'alcool et du dénaturant, la Régie perçoit autant de fois 0 fr. 80 qu'il y a d'hectolitres d'alcool pur soumis à la dénaturation.

Comme il n'est pratiqué qu'une seule analyse par bac, il

serait légitime que le droit ne fût prélevé qu'une fois par opération qu'elle qu'en soit l'importance et cette demande a fait l'objet d'un vœu émis par le Congrès des Études économiques pour les emplois industriels de l'alcool.

Taxe de statistique. — Conformément à la loi du 29 décembre 1900, le droit qui s'éleva successivement à 37 fr. 50, puis à 3 francs, a été réduit à 0 fr. 25 par hectolitre d'alcool pur. Il serait difficile d'obtenir une réduction nouvelle dont l'influence serait presque nulle.

Taxe de remboursement ou droit compensateur. — La majeure partie de l'alcool dénaturé étant de l'alcool d'industrie est soumis à la taxe de remboursement établie par l'article 50 de la loi de finances du 25 février 1901 et qui varie suivant les années.

C'est ainsi qu'elle a été successivement de 0 fr. 80, de 1 fr. 20, de 1 fr. 38, de 1 fr. 65 et de 1 fr. 72 par hectolitre d'alcool pur.

Il semble que, dans l'esprit du législateur, ce droit compensateur, qui sert à constituer la ristourne remboursant au dénaturateur le coût du dénaturant, ne devrait pas frapper l'alcool soumis à la dénaturation, mais, jusqu'à ce jour, aucune mesure administrative n'a été prise dans ce sens.

Ces différentes taxes pourraient donc être réduites sans toutefois, sauf la dernière, être entièrement supprimées, puisqu'elles servent de contrôle à l'État pour vérifier les opérations de la dénaturation.

Frais de dénaturation proprement dits.

Ils comprennent, en dehors des dépenses de matériel et de main-d'œuvre qui dépendent exclusivement du dénaturateur et de la façon, plus ou moins économique, dont est faite son installation et conduit son travail, une freinte ou perte par évaporation de l'alcool.

La Régie admet un manquant ou déchet de 9 0 0 auquel il

y a lieu d'ajouter (1) une freinte supplémentaire de 1/2 0/0 provenant des transvasements nombreux auxquels est assujetti l'alcool dénaturé, tels que l'emplissage des bacs, le mélange à l'air libre de l'alcool et du dénaturant, la mise en fûts, en bidons et en bouteilles.

Coût du dénaturant.

La dépense inhérente au dénaturant lui-même comprend l'achat du méthylène Régie et de la benzine.

Le premier de ces corps est sujet à des fluctuations de cours lentes, c'est-à-dire se produisant (contrairement à ce qui se passe pour l'alcool) sur plusieurs années, mais assez importantes.

Toutefois, si l'on a connu des limites extrêmes de 80 francs et de 120 francs l'hectolitre, on peut dire que la moyenne des prix du méthylène est d'environ 100 francs.

La benzine se vend couramment de 40 francs à 45 francs les 100 kilogrammes.

Détermination du total des frais de dénaturation.

Il semblerait facile, étant donnés ces différents éléments, de déterminer exactement le montant des frais de dénaturation et d'écrire :

Frais par hectolitre d'alcool à 90 degrés :

1° Taxe d'analyse : $\frac{0,80 \times 90}{100} = 0,720$

2° Taxe de statistique : $\frac{0,25 \times 90}{100} = 0,225$

3° Droit compensateur : $\frac{0,65 \times 90}{100} = 1,480$

4° 10 litres méthylène à 100 francs. 10 »

1. Lecomte. Congrès des Études économiques. Paris, 1903

5° 1/2 litre benzine à 40 francs. . . 0,200
soit au total. 12,625

pour un mélange de 110 litres 1/2 de liquide.
d'où : Dépense par hectolitre d'alcool dénaturé :

$$\frac{12,625 \times 100}{110,5} = 11 \text{ fr. } 42 \ (1).$$

Comme, d'autre part, l'article 59 de la loi de finances prévoit le remboursement au dénaturateur d'une somme de 9 fr. par hectolitre d'alcool pur soumis à la dénaturation, c'est-à-dire de 7 fr. 35 par hectolitre d'alcool dénaturé, la dépense, supportée par le dénaturateur, serait finalement de :

11 fr. 42 — 7 fr. 35 = 4 fr. 07

Mais cette manière de présenter les calculs est entachée d'erreur, par ce fait que les cours des alcools sont sujets à des fluctuations brusques et importantes et que la dépense de dénaturation varie en raison inverse du prix des alcools.

Si l'on veut représenter, en effet, par une équation le coût de la dénaturation et que l'on pose comme l'a fait M. Arachequesne : (2).

a = Prix d'achat de l'alcool à 90 degrés;
x = Coût de la dénaturation;
y = Prix de revient de l'alcool dénaturé à 90 degrés,
on aura :

$$x = y - a. \qquad (1)$$

Les valeurs permettant de déterminer y seront :
m = Valeur de l'hectolitre de dénaturant;
v = Volume en litres de dénaturant ajouté par hectolitre d'alcool à 90 degrés;
d = droits fiscaux;

1. Il n'a pas été tenu compte des frais de dénaturation proprement dits, qui ont été simplement signalés en passant, mais qui dépendent des méthodes de travail des dénaturateurs.

2. Arachequesne. Congrès des applications de l'alcool dénaturé. Paris, 1902.

f = frais généraux, main-d'œuvre, etc.
et l'on pourra poser, en se souvenant que l'hectolitre d'alcool à 90 degrés devient, après addition du dénaturant : (100 + V).

$$y = \left(a + d + f + \frac{v\ m}{100}\right)\frac{100}{100 + v}(II)$$

En transportant la valeur de y ainsi déterminée dans l'équation (I) on en déduira :

$$x = \frac{100}{100 + v}(d + f) + \frac{v}{100 + v}(m - a).$$

ce qui démontre que x, c'est-à-dire le coût du dénaturant, est composé de deux parties distinctes, qui sont :

1° Les droits fiscaux et les frais généraux : (d + f)
2° Le coût du dénaturant. . . . . . . : (m — a)

Quant au facteur (m — a) il prouve bien que le coût de la dénaturation est fonction, **non du prix du dénaturant lui-même, mais bien de la différence entre le prix du dénaturant et celui de** l'alcool, et que le coût du dénaturant serait nul le jour où ce facteur tendrait vers 0.

Il est important d'insister sur ce point car, à différentes reprises, il a été prétendu, à tort, grâce à un calcul similaire à celui qui a été présenté plus haut, que malgré la ristourne de 9 francs, la dénaturation élevait les prix de vente de l'alcool dénaturé de 4 francs à 5 francs par hectolitre.

Du reste, afin de déterminer exactement comment le calcul doit être établi, on ne saurait mieux faire que de se reporter au rapport présenté par M. Guillain, au nom de la Commission du Budget, et après la discussion duquel a été voté le remboursement des frais de dénaturation de 1901 (1). (*Journal des Contributions Indirectes*, 12 janvier 1901, p. 18.)

Voici comment s'exprime le rapporteur :

« On s'est attaché à tenir compte aux dénaturateurs, non « pas de la totalité des frais de dénaturation, mais bien de la

1. Lindet. Commission extra-parlementaire de l'alcool. Paris, 1901.

« proportion de ces frais qui constitue pour eux une dépense « réelle.

« Pour dénaturer 1 hectolitre d'alcool pur, on y ajoute « 10 litres de méthylène valant en moyenne 11 francs et « 1/2 litre de benzine lourde valant en moyenne 0 fr. 25. On « a ainsi :

« 10 lit. 1/2 de dénaturant valant en moyenne..	11 fr. 25
« qui prennent la place de 10 lit. 1/2 d'alcool à « 30 francs, valant	3 fr. 15
« La dépense nette, résultant du dénaturant, est « ainsi par hectolitre d'alcool	8 fr. 10
« Mais il y a lieu d'ajouter la nouvelle taxe de « fabrication	0 fr. 80
	8 fr. 90

« ou en chiffres ronds 9 francs par hectolitre d'alcool pur sou- « mis à la dénaturation. »

On peut déduire de cet extrait du rapport de M. Guillain :

1° Que l'on ne doit pas tenir compte dans l'établissement des frais de dénaturation :

A) Des dépenses de manutention et autres;

B) Du droit d'analyse de 0 fr. 80;

C) — de statistique de 0 fr. 25;

ce qui se conçoit puisque ces dépenses resteraient les mêmes quelle que soit la nature du dénaturant.

2° Qu'il y a lieu de faire intervenir la valeur de l'alcool dont les 10 lit. 1/2 de dénaturant tiennent la place.

Ces bases étant bien déterminées, il est facile de dresser un tableau indiquant exactement le prix de revient de l'alcool dénaturé, aux différents cours de l'alcool, abstraction faite des taxes fiscales.

	Francs	Fr.	Fr.	Fr.	Fr.
Un hectolitre d'alcool à	35	36	38	40	45
10 litres de méthylène à 80 fr. l'hectolitre .	8	8	8	8	8
0 k 500 de benzine à 45 fr les 100 kilogr. .	0,20	0,20	0,20	0,20	0,20
Droit compensateur (1 fr. 72 par hectolitre d'alcool pur). . . .	1,548	1,548	1,548	1,548	1,548
	44,748	45,748	47,748	49,748	54,748
Soit par hectolitre d'alcool dénaturé . . .	$\frac{44,748 \times 100}{110,5}$ = 40,49	41,40	43,21	45,01	49,54
Cours de l'alcool . . .	35	36	38	40	45
Coût de la dénaturation.	5,49	5,40	5,21	5,01	4,54
Ristourne	7,35	7,35	7,35	7,35	7,35
Reste en faveur du dénaturateur.	1,86	1,95	2,14	2,34	2,81

Aux cours de l'alcool de 35 à 45 francs et du méthylène à 80 francs(1), la ristourne suffit donc, non seulement à rembourser au dénaturateur le coût du dénaturant, mais lui rapporte encore de 1 fr. 85 à 2 fr. 80 par hectolitre d'alcool dénaturé.

Il en résulte que, grâce au jeu de la ristourne, la dénaturation est moins coûteuse en France que dans les autres pays d'Europe.

C'est assez dire que le raisonnement de tous ceux qui ont incriminé, au point de vue de son prix élevé, le dénaturant français est controuvé et que, dans l'état actuel de la législation régissant en France les alcools dénaturés, le coût du dénaturant est sans importance.

1. Dans le tableau ci-dessus le méthylène est calculé au cours actuel de 80 francs l'hectolitre.

RÉSUMÉ

1° Les frais de dénaturation sont de trois sortes :

a) Droits de l'État;

b) Achat des dénaturants;

c) Dépenses de matériel, de main-d'œuvre; freinte.

Parmi les taxes fiscales, une seule pourrait être réduite : la taxe d'analyse qui ne devrait être perçue que sur chaque dénaturation au lieu de l'être par chaque hectolitre d'alcool pur soumis à la dénaturation.

2° L'achat des dénaturants est intégralement remboursé aux dénaturateurs, à raison de 9 francs par hectolitre d'alcool pur, grâce au droit compensateur de 1 fr. 72 qui frappe tout hectolitre d'alcool sortant de distillerie.

CHAPITRE XIV

ÉTUDE CRITIQUE DES DIFFÉRENTS DÉNATURANTS

Résumés en un tableau les mélanges dénaturants employés dans les pays européens sont les suivants :

Allemagne et Autriche. — 2 lit. 1/2 d'un mélange composé de : 4 parties de méthylène à 30 0/0 d'acétone; 1 partie de bases pyridiques.

Angleterre. — 11 litres de méthylène à 5 0/0 d'acétone.

France. — 10 litres de méthylène type Régie ; 1/2 litre de benzine.

Hollande. — 12 litres 1/2 de méthylène.

Italie. — Le dénaturant doit être fourni par l'État et est à base de méthylène et de pyridine.

Suisse. — La vente de l'alcool dénaturé étant monopole d'Etat, le dénaturant est secret, mais, d'après nos renseignements, après avoir été composé de méthylène et d'huiles d'acétone, il serait actuellement composé de méthylène, d'acétone et de pyridine.

Avant d'étudier ces différents dénaturants, il est important de déterminer les principales fraudes se produisant sur l'alcool dans le but de rechercher dans quelles limites ils peuvent les entraver.

Les fraudes sur l'alcool dénaturé. — Elles sont au nombre de quatre :

1° *Fraude par substitution.* — Consistant à substituer à de l'alcool soumis à la dénaturation des produits non imposables, ou de l'alcool déjà dénaturé, dans le but de pouvoir écouler en fraude l'alcool pur échappant ainsi au contrôle de la Régie.

2° *Fraude par allongement.* — Elle consiste à ajouter à l'alcool dénaturé une quantité d'alcool ordinaire suffisante pour réduire à l'état de traces la proportion du dénaturant.

Cette fraude est la plus dangereuse car toujours les tribunaux ont hésité à prononcer une condamnation lorsque l'analyse ne révèle qu'une faible quantité de dénaturant dans l'alcool de bouche, puisque ce produit peut être infecté pour différentes raisons et en particulier par son passage dans des récipients ayant contenu de l'alcool dénaturé.

C'est là du reste un des arguments les plus sérieux dont puisse se servir un fraudeur.

3° *La fraude par revivification.* — Elle consiste à débarrasser l'alcool dénaturé de son dénaturant, ou tout au moins à le rendre buvable en masquant sa mauvaise odeur par des essences.

4° *Fraude mixte par allongement et revivification.* — C'est une combinaison des deux modes de fraudes précédents. Elle se pratique en régénérant partiellement l'alcool renfermé dans l'alcool dénaturé et en additionnant le mélange alcoolique ainsi obtenu d'une quantité d'alcool pur suffisant à diluer les dernières traces de dénaturant, afin d'échapper à l'action de la loi.

Comme il est impossible de trouver un corps répondant à toutes les qualités que doit présenter un bon dénaturant, les différentes Administrations ont toutes adopté un témoin de la fraude, l'alcool méthylique, et des infectants : les huiles de pyridine, les huiles d'acétone, la benzine.

Il y a lieu de les étudier successivement, au point de vue des garanties qu'ils peuvent donner à l'Administration qui les impose, et surtout de rechercher s'ils sont facilement éliminables de l'alcool.

Étude de l'alcool méthylique. — L'alcool méthylique, plus généralement désigné sous le nom de méthylène, est obtenu par la carbonisation des bois en vases clos.

Ayant même fonction chimique que l'alcool, et des propriétés très voisines, il n'est pas pratiquement séparable de ce corps. Par distillation, et avec une rétrogradation puissante, on obtient bien la concentration dans les produits de tête d'une grande partie de l'alcool méthylique, mais il est une limite qu'on ne peut dépasser, quelle que soit la puissance des appareils employés.

Cette limite, d'après les expériences faites par le Laboratoire du ministère des Finances, d'après celles de nombreux chimistes et nos propres essais, se rencontre dans les environs de 1/100; c'est-à-dire que, quelle que soit la dose de méthylène ajoutée, il reste toujours 1/100 de ce produit qu'on ne peut séparer de l'alcool par distillation. Ce corps est donc un témoin fidèle de la fraude.

Le procès de l'alcool méthylique a été fait à différentes reprises et l'on peut résumer les principaux chefs d'accusation comme suit :

1° Inconvénients relatifs à la composition chimique du méthylène ;

2° Inconvénients relatifs à la présence de l'alcool méthylique, à l'état libre, dans certaines liqueurs;

3° Inconvénients relatifs au prix élevé de ce corps.

Les premiers, tout d'abord fort nombreux, ont été peu à peu abandonnés et se réduisent aujourd'hui à trois :

C'est ainsi que l'on répète que l'addition de 10 0/0 de méthylène à l'alcool réduit, dans de grandes proportions, le pouvoir calorique de ce dernier corps; et cependant, si l'on calcule le pouvoir calorifique de l'alcool éthylique pur à 90 degrés, puis celui de l'alcool dénaturé au méthylène, et si l'on compare les résultats, on constate que la chaleur dégagée par la combustion d'un litre d'alcool éthylique à 90 degrés est de 1.988 calories et celle dégagée par la combustion d'un litre du mélange d'un hectolitre d'alcool ordinaire avec 10 litres de méthylène, de 1.927 calories.

Comment cette différence de 61 calories pourrait-elle avoir une importance quelconque, alors que le travail utile obtenu avec un combustible, quel qu'il soit, est si minime?

Et cela est si vrai, que M. Lucien Perisse, dans un rapport qu'il a présenté au VIe Congrès international de Chimie appliquée (Rome, avril 1906) a pu écrire, après toute une série d'essais pratiqués sur un moteur Gillet-Forest, dans le but de déterminer l'influence de la qualité des alcools et des dénaturants : « Le méthylène possède une puissance calorifique presque égale à celle de l'alcool et a donné, dans les moteurs, des *résultats avantageux.* »

N'est-ce pas aussi net que concis ?

Du reste, le fait suivant est également caractéristique : dans le circuit des Ardennes, le moteur Gobron qui a donné des résultats si satisfaisants était alimenté avec du méthylène carburé.

La vente de l'alcool dénaturé étant interdite en Belgique, M. Lepretre avait ainsi tourné la difficulté. Elle a donné la victoire à l'alcool méthylique! ! Comment pourrait-on prétendre maintenant que le rôle du méthylène est néfaste?

On a écrit également que c'était au méthylène qu'était imputable la détérioration rapide des parties métalliques de certaines lampes et réchauds; et là encore on s'était laissé aller à des conclusions trop hâtives.

Il a été démontré, en effet, et la question sera étudiée dans un chapitre spécial, que les attaques attribuées au méthylène pourraient être aussi bien imputables à l'alcool lui-même ou à ses impuretés normales.

On a dit enfin, et il en est résulté un vœu émis par le Congrès des emplois industriels de l'alcool, tenu à Paris en novembre 1901, à la Société des agriculteurs de France, que l'on devait, sinon supprimer le méthylène, du moins en réduire la dose dans d'importantes proportions, à cause de ses inconvénients graves : « production de gaz oxyméthylés, qui sont désagréablement odorants et peut-être même dangereux. »

Or c'était là une affirmation gratuite, car des expériences récentes ont permis de constater, et on a pu entendre M. Sorel le dire au dernier Congrès de l'alcool (Congrès des études économiques pour les emplois industriels de l'alcool, tenu à Paris du 11 au 17 mars 1903), que l'alcool lui-même pouvait, dans certains cas, donner naissance à de l'aldéhyde formique, et que la plupart des inconvénients de ce genre étaient imputables, non pas tant à l'alcool dénaturé employé qu'à la défectuosité de certains moteurs.

Mais il y a mieux; comment pourrait-on affirmer que ces gaz oxyméthylés présentent un danger, alors que l'on a proposé de compter le formaldéhyde lui-même au nombre des dénaturants de l'alcool?

Si l'on passe à la question de la présence de l'alcool méthylique libre dans certaines liqueurs naturelles et à la conclusion qui en a été tirée, que l'Administration, en cas de fraude, serait désarmée, puisque le fraudeur pourrait toujours prétendre que l'alcool méthylique décelé dans son alcool y préexistait naturellement, on constate qu'il y a déjà plusieurs années que, pour la première fois, certains auteurs ont signalé dans des liqueurs naturelles, la présence de corps donnant, après oxydation et par condensation avec la diméthylaniline, la réaction bleue caractéristique de l'hydrol.

M. Trillat (1) a recherché la présence de l'alcool méthylique dans quatre-vingt-seize échantillons de liqueurs et ne l'ayant rencontré que dans quatre échantillons d'eaux-de-vie de marc a conclu « que les liqueurs naturelles ou composées ne contiennent pas « d'alcool méthylique. »

M. Wolf (2) a découvert l'alcool méthylique dans certains alcools obtenus par fermentation des jus de prunes, de mirabelles, de cerises, de pommes; parfois dans certaines eaux-de-vie naturelles, mais rarement dans les eaux-de-vie de bonne

1. *Bl. sucrerie et distillerie*, 1900.

2. *A. ch. anal.*, 1901, 167.

qualité et jamais dans les rhums, les eaux-de-vie de grains, de pommes de terre et les alcools d'industrie.

MM. Sangle-Ferrière et Cuniasse (*Analyse des absinthes*, 1902,37) écrivent : « Les alcools de vin contiennent presque tous de l'alcool méthylique en très faible proportion. »

Le premier problème qui se pose, en présence de l'opinion divergente des auteurs, est celui-ci :

Est-ce bien de l'alcool méthylique libre dont la présence a été décelée dans certaines liqueurs ; ne sont-ce pas plutôt des combinaisons de cet alcool (éthers, essences), ou même le formaldéhyde lui-même ?

Les études faites jusqu'à ce jour sur ce sujet ne sont pas assez concluantes pour permettre de répondre d'une façon absolue, mais les faits suivants nous semblent militer en faveur de la seconde hypothèse.

Walbaum a signalé la présence de l'éther méthylique de l'acide anthranilique (B., 32, 1512) dans l'essence de néroli, puis dans l'essence de mandarines (J. pr., 62, 135).

Albert Hesse (B., 36.1459) a décelé le même éther dans les fleurs fraîches de tubéreuse, ainsi que le salicylate de méthyle dans la même essence, après enfleurage.

F. W. Traphagen et Edmond Burke (Am. soc. 1903. 243-244), qui ont rencontré l'acide salicylique dans des fraises, framboises, mûres, raisins de Corinthe, prunes, cerises, raisins, pommes, etc., ont émis l'opinion que cet acide n'existe pas dans les fruits cités, à l'état libre, mais sous forme d'éther méthylique.

MM. Sangle-Ferrière et Cuniasse (*Analyse des absinthes*, 1902) ont constaté que la faible quantité d'alcool méthylique trouvée par eux dans la plupart des alcools de vins était facilement fixée par un traitement au noir, alors que cette fixation ne se produit jamais avec l'alcool méthylique libre.

Plusieurs essais, pratiqués par l'auteur, ont également démontré que, si l'on filtre, sur du noir, de l'alcool auquel ont été ajoutés des éthers méthyléniques de M. Trillat, la réaction bleue de l'hydrol est beaucoup moins caractéristique après filtration qu'avant, ce qui confirmerait les résultats obtenus par MM. Sangle-Ferrière et Cuniasse.

Enfin, d'après les théories de Baeyer et Bach, le carbone naissant et l'eau s'uniraient dans les plantes, sous l'action de la radiation solaire, pour donner naissance à de l'aldéhyde formique qui se polymériserait ensuite jusqu'à la formation du saccharose.

L'aldéhyde formique serait ainsi le premier terme de la synthèse des hydrates de carbone.

Et c'est ce qui a permis à M. Trillat d'écrire (*Oxydation des alcools*, page 62-63) : « Si la présence de l'alcool méthylique a été constatée dans certains végétaux, il serait rationnel d'admettre que l'aldéhyde formique puisse y exister. Nous avons vu, en effet, avec quelle facilité l'alcool méthylique pouvait être oxydé sous l'influence de contact d'un grand nombre de corps. Toutefois nous pensons que le formaldéhyde ne pourrait exister dans les végétaux qu'à l'état de combinaison. »

On voit que, dans ce cas, M. Trillat subordonne à la présence de l'alcool méthylique celle du formaldéhyde, mais comme le même auteur a également démontré la transformation de l'aldéhyde formique en alcool méthylique (*Oxydation des alcools*, p. 66), rien ne s'oppose à croire que c'est le formaldéhyde et non l'alcool méthylique qui préexiste dans les végétaux, soit à l'état libre, soit à l'état de combinaison.

Les contradictions des auteurs sur la question sont, du reste, de nature à confirmer notre hypothèse.

M. Trillat et M. Wolf, en effet, qui n'ont trouvé l'alcool méthylique que dans un petit nombre de liqueurs, ont adopté comme oxydant de l'alcool examiné le bichromate de potasse et l'acide sulfurique, alors que MM. Sangle-Ferrière et Cuniasse, qui l'ont rencontré dans presque tous les alcools de vin, ont fait appel à l'oxydation par le permanganate de potasse.

N'est-on pas en droit de se demander si, dans le second cas, l'oxydation n'a pas été plus énergique, et par conséquent plus complète la décomposition des éthers ou essences susceptibles de régénérer des radicaux CH^3, donnant, avec la diméthylaniline, une réaction colorée ?

S'il en était ainsi, ce ne serait donc plus l'alcool méthylique qui existerait à l'état libre, mais bien des éthers méthyléniques.

Du reste, toutes les remarques précédentes paraissent conduire à la même conclusion.

Cependant, même si l'on admet, pour un instant, que ce soit bien l'alcool méthylique qui ait été décelé par MM. Wolf, Trillat ou Sangle-Ferrière et Cuniasse, il est facile de démontrer que la présence de cet alcool dans les liqueurs n'est pas de nature à provoquer l'abandon du méthylène comme agent de dénaturation.

La question, en effet, devient alors une simple question quantitative et la diversité des opinions des différents chimistes cités suffit, à elle seule, à prouver que si l'alcool méthylique existe à l'état naturel dans certains alcools, ce n'est qu'à des doses extrêmement faibles.

C'est ainsi que M. Trillat, quoique ayant constaté la présence de l'alcool méthylique dans plusieurs échantillons d'eaux-de-vie de marcs, n'a pas hésité à conclure : « que la présence de l'alcool méthylique dans les liqueurs du commerce doit être considérée comme une fraude », et MM. Sangle-Ferrière et Cuniasse, après avoir écrit que « Les alcools de vins contiennent presque tous de l'alcool méthylique en très faible proportion », ont immédiatement ajouté : « proportion qu'on ne saurait confondre avec la quantité beaucoup plus grande que l'on rencontre dans l'alcool dénaturé revivifié. » (*Analyse des Absinthes*, p. 37.)

Donc s'il est vrai, comme l'Administration l'a souvent déclaré, qu'il n'est pas possible de condamner un fraudeur lorsque l'analyse ne révèle la présence que d'une petite quantité de méthylène dans l'alcool de bouche, parce que cet alcool a pu être infecté de méthylène pour différentes raisons et en particulier par son passage dans des récipients ayant contenu de l'alcool dénaturé, on constate que les travaux de MM. Wolf, Sangle-Ferrière, Cuniasse et Trillat mènent à une seule conclusion : le maintien de la dose massive.

Quel autre raisonnement, en effet, pourrait-on faire que le suivant :

De faibles proportions d'alcool méthylique dans un alcool, provenant, soit de la présence naturelle de l'alcool méthylique dans les liqueurs, soit du passage de l'alcool examiné dans un emballage ayant renfermé de l'alcool dénaturé, ne permettent pas d'obtenir la condamnation du fraudeur; par conséquent, il faut employer, pour la dénaturation, une dose de dénaturant telle que l'expert retrouvera toujours des quantités dosables de méthylène qui ne pourront pas être confondues avec celles pouvant exister normalement dans un alcool.

Il faut ajouter qu'en France le chimiste retrouvera toujours, en cas de fraude, à côté de l'alcool méthylique, l'acétone et les impuretés pyrogénées entrant dans la composition du méthylène type Régie et qu'il lui sera possible, si des expériences suivies prouvent que l'alcool méthylique n'existe dans les liqueurs qu'à l'état de combinaison, de différencier l'alcool revivifié de l'alcool naturel en filtrant les liqueurs sur le noir animal et en comparant les réactions colorées obtenues avant et après cette filtration.

Il ne faut donc pas prétendre que l'Administration est désarmée, car ce raisonnement aurait même valeur que celui qui consisterait à dire que la justice n'a plus d'armes contre les empoisonneurs depuis que les remarquables travaux de M. A. Gautier et de M. G. Bertrand ont démontré la présence naturelle de l'arsenic dans l'organisme.

Reste le reproche adressé au méthylène d'être trop coûteux.

L'argument pourrait avoir de la valeur partout ailleurs qu'en France puisqu'il a été démontré au chapitre XIII que, grâce à la ristourne, le coût du dénaturant méthylique est intégralement remboursé.

Méthylène type Régie. — Si l'alcool méthylique, par suite de l'impossibilité où se trouve le fraudeur de le séparer de l'alcool auquel il est incorporé, est, même à l'état pur, un témoin incomparable de la fraude, il faut reconnaître que sa saveur, peu différente de celle de l'alcool éthylique, n'empêcherait pas la consommation de l'alcool dénaturé et c'est la raison pour laquelle l'emploi d'un méthylène trop purifié est interdit pour la dénaturation.

En France, le méthylène type Régie doit présenter la composition suivante :

Alcool méthylique pur	65 0/0
Acétone	25 0/0
Impuretés pyrogénées	2,5
Eau.	7,5

La présence des impuretés pyrogénées et de l'acétone, qui sont des corps obtenus à côté de l'alcool méthylique dans la carbonisation des bois en vases clos, achèvent de faire du méthylène un complet dénaturant en lui donnant une saveur et une odeur assez fortes sans cependant être repoussantes.

Etude de la benzine. — Ce corps, extrait du goudron de houille, doit, d'après les prescriptions de la Régie française, distiller entre 150 et 200 degrés. Il est facilement éliminable de l'alcool et présente l'inconvénient de durcir les mèches étant donné son point de distillation élevé.

Il y aurait probablement intérêt à le remplacer, dans ses emplois, par le benzol ou à réduire ses températures d'ébullition.

Etude des huiles de pyridine. — Ces bases, qui dérivent de la pyridine C^5H^5Az, peuvent être employées à la dose de 1/2 0/0, mais elles présentent quatre graves inconvénients :

1° Elles donnent à l'alcool auquel elles sont incorporées une odeur écœurante qui, dans bien des cas, pourrait entraver, en France, l'emploi de l'alcool dénaturé ;

2° Elles produisent, à la longue, la résinification des mèches (Heinzelmann, *Spiritus Ind.* 1903, p. 12) ;

3° Elles sont très facilement éliminables de l'alcool, puisqu'il suffit de traiter l'alcool dénaturé par la pyridine, par le sulfate de cuivre, en présence d'acide sulfurique, pour obtenir, après distillation et filtration sur du charbon de bois mouillé, un alcool qui peut, sans aucun inconvénient, être employé à la consommation de bouche.

4° Elles sont d'un prix très élevé, actuellement 280 francs, qui ne peut qu'augmenter, ainsi que le prouve l'extrait suivant emprunté au *Chemiker Zeitung*, du 14 septembre 1901. « Les prescriptions relatives à la composition du moyen général de dénaturation ont, depuis peu, donné lieu à des observations qui touchent surtout aux dispositions se rapportant à la proportion des bases de pyridine. Leur production ne s'est pas développée avec la même rapidité que leur emploi qui résulte des besoins croissants causés par le rapide développement de la consommation de l'alcool dénaturé. Si pour l'avenir, on maintient, comme moyen général de dénaturation, un mélange de bases de pyridine et de méthylène, il sera nécessaire de prendre des mesures pour prévenir un manque de bases de pyridine. »

La même idée se trouve exprimée dans le rapport annuel (Octobre 1901) de la Centrale für spiritusverwertung où l'on lit que, depuis 1887-1888, la consommation de pyridine est passée de 70.000 à 500.000 litres et qu'il y aurait lieu de chercher un nouveau dénaturant pour remplacer les huiles de pyridine dont la production est limitée.

Etude des huiles d'acétone. — Préconisés d'abord par le Dr Lang, ces produits ont été complètement étudiés depuis par MM. A. et P. Buisine (*Bl. Sucr. et dist.*, 1896-1902) qui les ont obtenus par distillation sèche des mélanges de sels de chaux préparés au moyen des acides gras volatils (acétique, propionique, butyrique, etc.) contenus dans les eaux de désuinatage des laines.

Ils sont constitués par un mélange d'acétones supérieures, parmi lesquelles on rencontre la méthyléthylcétone, la méthylpropylcétone, et ont une odeur âcre très prononcée.

Ces corps présentent, comme les bases pyridiques, l'inconvénient de durcir les mèches et d'être facilement éliminables de l'alcool, ainsi que M. Bardy, directeur honoraire des services techniques du ministère des Finances, l'a démontré à deux reprises différentes, en 1899, devant la sous-commission du ministère des Finances réunie sous la présidence de M. Troost.

Leur prix de revient industriel n'a pas été établi d'une façon rigoureuse, malgré les importants et intéressants travaux de MM. A. et P. Buisine, et l'État suisse, après avoir été le premier à les utiliser, semble en avoir abandonné l'emploi.

Nouveaux dénaturants.

A côté des corps qui viennent d'être passés en revue et qui sont actuellement en usage dans les divers pays d'Europe, il en est toute une série dont on a récemment proposé l'emploi.

Un grand nombre ont été éliminés, après étude des services techniques du ministère des Finances, soit qu'ils fussent sans aucune valeur au point de vue de leurs qualités dénaturantes, soit qu'ils fussent dangereux ou même de nature à entraver les emplois industriels de l'alcool.

Deux cependant ont retenu quelque temps l'attention des pouvoirs publics et ont été l'objet de discussions aux séances du Congrès des études économiques pour les emplois industriels de l'alcool (Paris, 1903) et de la commission extra-parlementaire de l'alcool (Paris 1905) : ce sont les bases méthyléniques et l'aldéhyde formique.

Bases méthyléniques. — Ces bases, qui dérivent de l'alcool méthylique, et renferment toutes un certain nombre de radicaux CH^2 associés à divers radicaux alcooliques, ont été proposées par M. Trillat (1).

Elles présentent toutes une odeur agréable et sont éliminables de l'alcool auquel elles sont incorporées.

Leur coût, à puissance dénaturante égale, si l'on admet (ce

1. Rapport à M. le Ministre de l'Agriculture sur la dénaturation de l'alcool. Paris, 1903.

qui est inadmissible étant donné leur élimination facile) que le vrai critérium de la dénaturation soit la présence dans un litre d'alcool d'un certain poids de radicaux CH^3, est plus élevé que celui du méthylène ainsi que l'auteur l'a démontré (1).

Aldéhyde formique. — Obtenu par oxydation de l'alcool méthylique, ce produit présenterait de sérieux inconvénients.

A). — Son action irritante sur les muqueuses, et en particulier sur celles des yeux, rend son emploi impossible, même à faible dose, pour la dénaturation des alcools destinés à être utilisés dans des pièces closes, comme pour l'industrie de la chapellerie, des fleurs artificielles, etc.

B). — Sans entrer dans la discussion de la sensibilité des méthodes employées pour rechercher l'aldéhyde formique, il faut dire que ce corps est facilement éliminable de l'alcool.

L'auteur a signalé, en effet (2), qu'il suffit de traiter l'alcool dénaturé au formaldéhyde par l'oxylithe en morceaux, en ayant soin de refroidir le mélange et de laisser en contact vingt-quatre heures, pour transformer l'aldéhyde en acide qui se combine à la soude mise en liberté par la décomposition du peroxyde. Après distillation, l'alcool obtenu ne présente pas l'arrière-goût des bases de Morrin et ne donne pas la réaction de Jorrissen.

Mais il faut avoir soin de suivre soigneusement le mode opératoire indiqué.

Lorsqu'on emploie du bioxyde de sodium, au lieu d'oxylithe, il se produit une importante proportion d'eau oxygénée, qui n'a sur l'aldéhyde formique qu'une action incomplète, tandis que les oxylithes renferment des traces de bioxyde de manganèse ou encore de nickel ou de cuivre qui décomposent H^2O^2 au fur et à mesure de sa production, régénérant ainsi l'oxygène qui agit beaucoup plus activement.

En outre, l'opération doit être menée lentement, et en refroidissant, pour que le dégagement d'oxygène naissant soit très régulier et pour éviter les causes d'incendie.

1. R. Duchemin. *Revue de chimie pure et appliquée*, 1904.
2. R. Duchemin. *Revue de chimie pure et appliquée*, 19 avril 1904.

Il est également possible de revivifier la plus grande partie de l'alcool en appliquant, pour cette revivification, le procédé de dosage du formaldéhyde de Blank et Finkenbeiner.

On traite l'alcool par $H^2 O^2$, en liqueur alcaline, on laisse le mélange en contact à basse température pendant plusieurs heures et l'on distille.

On obtient ainsi un alcool qui donne, presque toujours, une légère coloration à la phloroglucine, mais auquel il suffirait d'ajouter une ou deux fois son volume d'alcool bon goût pour obtenir un mélange dans lequel des traces d'aldéhydes formiques seraient insuffisantes pour permettre d'inquiéter le fraudeur.

La grande activité chimique du formaldéhyde, et la facilité avec laquelle il se polymérise, sont de nature à prouver qu'il serait possible de trouver d'autres procédés de séparation.

C). — Il est une raison préalable qui condamne l'emploi de l'aldéhyde formique pour la dénaturation : c'est la propriété qu'il possède de donner naissance à d'importantes quantités d'acide, soit sous l'influence de la chaleur à l'abri de l'oxygène, soit sous l'action simultanée de la chaleur et de l'oxygène, soit enfin sous action de la chaleur, à l'abri de l'air, en présence de métaux.

Voici du reste, ce qu'a écrit M. Sorel, à ce sujet, dans son livre, *Carburation et combustion dans les moteurs à alcool*, où il étudie les résultats obtenus en soumettant successivement l'alcool méthylique, l'alcool éthylique, le formaldéhyde, aux influences ci-dessus indiquées.

« L'alcool méthylique ne peut être incriminé qu'indirectement ; il donne un acide lorsqu'il se trouve décomposé de façon à fournir beaucoup d'aldéhyde formique. L'alcool éthylique fournit normalement de l'acide. Mais c'est l'aldéhyde formique qui est la source d'acidité la plus dangereuse. »

Et plus loin :

« L'alcool éthylique donne toujours lieu à une production d'acide.

« L'alcool méthylique donne des produits moins acides parfois neutres. »

« L'aldéhyde formique une fois créé, fournit des produits très acides. »

D). — Il faut rappeler que, si l'on admet pour un instant que l'introduction dans l'alcool d'un radical CH^2 quelconque (réaction Trillat) soit le vrai critère de la dénaturation, c'est-à-dire en comparant des mélanges dénaturants renfermant ou pouvant régénérer un grand nombre de ces résidus méthyliques CH^2, la dénaturation par le formaldéhyde serait sensiblement plus coûteuse que celle par le méthylène Régie.

E). — Si l'on attache la moindre importance à la présence de l'alcool méthylique libre dans certaines liqueurs naturelles, on doit également retenir cet inconvénient à la charge de l'aldéhyde formique.

M. Trillat a démontré (*Oxydation des alcools*, 62.63) la transformation de l'aldéhyde en alcool méthylique ce qui prouverait dit-il : « En admettant l'exactitude des théories de Baeyer et Bach, que si l'on rencontre de l'alcool méthylique dans la nature, il peut provenir de la transformation du formaldéhyde à l'état naissant. (Trillat, *Oxydation des alcools*, 66.)

M. Délepine, après avoir démontré que le trioxyméthylène chauffé avec de l'eau, sous pression, se transforme en acide carbonique, en alcool méthylique et en acide formique, a admis que ce fait pourrait servir à expliquer la présence de l'alcool méthylique et du formaldéhyde dans les végétaux.

Reinke et d'autres auteurs disent également avoir constaté la présence de l'aldéhyde formique libre dans les produits obtenus par distillation du suc des parties vertes des végétaux.

Mais même si le formaldéhyde n'existe pas à l'état libre dans certains alcools, son emploi ne saurait présenter de ce fait une supériorité sur celui du méthylène.

Si, en effet, ce qui est loin d'être démontré, l'alcool méthylique se rencontre à l'état libre dans certaines liqueurs, on peut affirmer que le méthylal se trouve à côté de lui, comme les acétals à côté de l'aldéhyde acétique (Trillat, *Oxydation des alcools*) et que par conséquent, même sans oxydation préalable, il sera possible d'obtenir la coloration bleue de l'hydrol.

Dans ces conditions, on comprend qu'une coloration faible, obtenue directement par simple condensation avec la diméthylaniline et traitement par le bioxyde de plomb, ne prouvera en rien la présence du formaldéhyde ajouté frauduleusement par addition d'alcool dénaturé, puisqu'elle pourrait provenir du méthylal.

La vérité à ce sujet, et elle sera démontrée plus loin, c'est que la présence, à l'état de traces, de formaldéhyde ou d'alcool méthylique dans certaines liqueurs ne doit pas entrer en question.

L'étude qui vient d'être faite des différents dénaturants peut être résumée dans le tableau suivant :

Bases pyridiques	Huiles d'acétone	Formaldéhyde	Ethers méthyléniques	Méthylène Régie
Séparables de l'alcool.	Séparables de l'alcool.	Séparable de l'alcool.	Séparables de l'alcool.	Inséparable de l'alcool.
Résinification des mèches.	Durcissement des mèches.			
Odeur écœurante.		Action dangereuse sur les muqueuses.	Odeurs et saveurs agréables, sauf pour l'amylal.	Saveur nauséeuse sans odeur insupportable.
Prix élevé et production limitée.	Prix de revient industriel inconnu.	Plus coûteux que le méthylène à introduction dans l'alcool d'un nombre égal de radicaux CH^2.	Prix de revient exact inconnu. Plus coûteux que le méthylène à poids égal de radicaux CH^2 en admettant un prix de revient théorique.	Prix élevé mais sans importance grâce au jeu de la ristourne.

CHAPITRE XV

Y A-T-IL LIEU DE MODIFIER LE MODE DE DÉNATURATION ACTUELLEMENT EMPLOYÉ EN FRANCE ?

De l'étude qui a été faite dans un précédent chapitre, il résulte que le méthylène est employé comme dénaturant dans tous les pays d'Europe et que son quantum varie :

1° Proportionnellement à l'importance des droits frappant les alcools de consommation de bouche.

2° En raison inverse de la sévérité de la loi à l'égard des fraudeurs.

C'est ainsi, nous l'avons vu, qu'en Allemagne, où le droit sur l'alcool ne s'élève qu'à 112 fr. 50, la dose de méthylène dénaturant n'est pas de 2 0/0, alors qu'en Angleterre, où le droit frappant l'alcool de bouche est de près de 500 francs, elle atteint 11 0/0 et en Hollande 12,5 0/0. (Droits 264 francs.)

Il faut ajouter qu'en Angleterre, la réglementation de la vente de l'alcool dénaturé est très sévère, presque prohibitive, et que l'Allemagne, dont on nous a si souvent donné l'exemple, possède un régime fiscal qui n'a aucun rapport avec le nôtre.

L'Administration de l'accise a, en Allemagne, comme garantie, des pénalités qu'il serait impossible d'appliquer en France où l'on connaît les nombreuses démarches qui entravent l'action de la loi lorsqu'un fraudeur est pris en flagrant délit.

En outre, la séparation complète des pouvoirs exécutifs et législatifs, permet, en Allemagne, l'application stricte d'une législation si draconienne qu'elle suffirait à elle seule à empêcher la fraude.

Il semblerait donc qu'en France, où le droit sur l'alcool atteint 250 francs, et où, dans certaines villes comme Paris le bénéfice (Régie et octroi) qui sollicite le fraudeur s'élève à 415 francs, une dose de 10 0/0 de méthylène Régie ne devrait pas paraître exagérée. C'est cependant ce qui s'est produit et les desiderata des adversaires de la dose massive de méthylène se sont trouvés résumés dans un rapport présenté, par M. Lindet, à la commission extra-parlementaire de l'alcool.

On ne saurait donc mieux faire que d'étudier ce rapport dans tous ces détails.

Le travail de M. Lindet peut se réduire aux deux déclarations suivantes :

1° Possibilité de diminuer la dose de méthylène Régie actuellement employée pour la dénaturation de l'alcool, à la condition d'adjoindre à ce corps un nouveau témoin chimique, le formol, et un nouvel infectant, la pyridine.

2° Obtention d'une formule plus économique (grâce à l'emploi, à côté de l'alcool méthylique, du formol et de la pyridine) de nature à favoriser la consommation de l'alcool destiné aux usages industriels.

Avant de discuter ces deux affirmations, il est indispensable de rappeler deux principes qui dominent toute la question de la dénaturation de l'alcool et qui, trop souvent, ont été oubliés :

1° La présence, dans un alcool de bouche, d'une faible quantité de dénaturant ne permet pas d'obtenir une condamnation contre le fraudeur car ce produit a pu être infecté pour différentes raisons, et en particulier par son passage dans des récipients ayant contenu de l'alcool dénaturé ;

2° On doit entendre « par faible quantité » une proportion, variable pour chaque dénaturant, et qui ne peut être fixée que par l'expérience.

Ces deux points ont donné lieu à des essais pratiqués, sur le méthylène dénaturant, par la sous-commission du ministère des Finances réunie sous la présidence de M. Troost, en 1889, et où il a été démontré qu'un fût en bois, ayant renfermé du méthylène Régie, et ayant été ensuite rempli d'alcool B. G., pouvait abandonner, à cet alcool, jusqu'à 0,5 0/0 d'alcool méthylique.

Il est évident que suivant les propriétés physiques de chaque dénaturant la quantité qu'il sera possible de retrouver dans un récipient ayant contenu, soit de l'alcool dénaturé, soit le dénaturant lui-même, sera essentiellement variable.

Étude de la formule de dénaturation de M. Lindet.

Pour remplacer 10 litres de méthylène Régie et 0 lit. 5 de benzine Régie, M. Lindet propose :

2 lit. 5 de méthylène Régie;
0, — 5 de benzine;
0, — 5 de formol à 33 0/0 de H-COH;
0, — 5 de pyridine.

c'est-à-dire qu'il demande le remplacement de $(10-2,5)=7$ litres 5 de méthylène par 0 lit. 5 de formol et 0 lit. 25 de pyridine ce qui, à première vue, ne saurait donner les mêmes garanties au Trésor.

On ne saurait, en effet, prétendre que 7 lit. 500 de méthylène Régie renfermant :

4 lit. 500 de $H\,CH^2\,OH$;
0 — 875 de $CH^3\,CO\,CH^3$;
0 — 187 d'impuretés.

pourraient être remplacés, à efficacité dénaturante égale, par:

$$\frac{0,5 \times 33}{100} = 0,165 \text{ de } H\,COH.$$

et 0,5 de pyridine.

Les 4 lit. 500 de $H\,CH^2\,OH$ sont pratiquement inséparables de l'alcool, et, simplement au point de vue quantité, ils ont une valeur de près de trente fois supérieure à celle de 0 lit. 165 de H CO H facilement éliminables. En outre, 1 lit. 875 d'acétone valent, toujours au point de vue quantité, plus de trente fois plus que 0,5 0/0 d'huile de pyridine.

Mais il y a mieux que ce simple raisonnement pour démontrer que la formule de M. Lindet réduirait, dans de fortes proportions, les garanties de l'Administration.

Si l'on recherche comment un fraudeur pourrait régénérer un alcool dénaturé à l'aide du nouveau mode de dénaturation, et que l'on compare les bénéfices qu'il pourrait ainsi réaliser avec ceux qu'il obtiendrait dans le cas d'un alcool dénaturé à 10 0/0 de méthylène, on pourra écrire :

A) *Formule Lindet.*

1° Traitement de l'alcool dénaturé par la benzine ou le tétrachlorure de carbone et l'eau salée, ce qui lui permet d'éliminer : benzine, pyridine, impuretés, acétone ;

2° Distillation de la solution alcoolique ainsi obtenue et élimination complète, à 1/50.000 près, du formol ;

3° Allongement de l'alcool, avec de l'alcool bon goût, de façon à ce que le service ne retrouve plus dans le mélange que des traces de $H CH^{2}OH$ insuffisantes pour obtenir une condamnation.

B) *Formule actuelle.*

1° Traitement par la benzine et l'eau salée;

2° Distillation de la solution salée alcoolique qui laisse intacte dans le distillatum la totalité de l'alcool méthylique;

3° Allongement.

Si pour comparer ces deux opérations, au point de vue du bénéfice qu'en retirera le fraudeur, on suppose, pour simplifier les calculs, que le traitement à la benzine et à l'eau salée et que la distillation s'élèveront au même prix dans les deux cas, il ne restera à la charge du fraudeur que les frais d'allongement. Le tableau suivant indique les quantités d'alcool pur qu'il faudrait ajouter à un hectolitre d'alcool dénaturé pour obtenir, dans les deux cas, un mélange renfermant moins de 0,2 0/0 d'alcool méthylique, c'est-à-dire la proportion que le laboratoire du Ministère des Finances considère comme étant une limite de sensibilité du procédé de dosage de M. Trillat, le meilleur connu pour la recherche de l'alcool méthylique.

Dose de méthylène	10 p. 100	2,5 p. 100
Alcool dénaturé. . . .	1 hect. à 40 fr. : 40	1 hect. à 40 fr. : 40
Alcool B. G. à ajouter .	33 » 40 » : 1.280	6 » 40 » : 240
Droits dans Paris. . .	32 » 415 » : 13.280	6 » 415 » : 2.490
Coût du mélange . . .	33 » pour : 15.500	7 » pour : 2.770
Alcool méthylique contenu dans le mélange.	0,16 p. 100	0,20 p. 100
Bénéfice du fraudeur .	415 fr.	415 fr.
Bénéfice par rapport au capital engagé . . .	2,77 p. 100	15 p. 100

Actuellement le fraudeur est obligé de faire un débours de 15.500 francs, et de pratiquer un mélange de 33 hectolitres, pour réaliser un bénéfice de 415 francs, représentant 2,77 0/0 du capital engagé.

Avec une dose réduite à 2,5 0/0, il réaliserait le même bénéfice de 415 francs, en n'ayant à mélanger que 7 hectolitres d'alcool et à débourser que 2770 francs. Son gain serait alors égal à 15 0/0 du capital engagé.

Le fraudeur verra donc, pour une dose réduite de 10 à 2 1/2 0/0, son bénéfice presque quintupler.

Et que l'on ne dise pas que cette fraude est impraticable parce qu'elle nécessite un important matériel, car si le fraudeur se contente de régénérer par jour 20 ou 30 litres d'alcool, ce qui lui assurera déjà un bénéfice intéressant, il pourra facilement obtenir le résultat cherché dans une simple cuisine, en ayant pour tout appareil distillatoire un ou plusieurs bidons à essence et, comme condenseurs, des tuyaux de plomb ou d'étain qu'il refroidira avec des linges mouillés. Quelques tonneaux achèveront son installation qui attirera difficilement l'attention des indicateurs.

On peut se demander comment M. Lindet, dans son rapport, peut conclure *à priori* que, la fraude sur le vin étant plus répandue que celle consistant à tenter la régénération ou l'allongement de l'alcool dénaturé, il y a lieu d'adopter une formule simplifiée de dénaturation; car si vraiment la fraude par revivification et par allongement est aujourd'hui inconnue, la raison en est, nous l'avons signalé plus haut, que la dose de 10 0/0 de méthylène est assez forte pour empêcher le fraudeur de retirer un bénéfice quelconque d'une opération qui nécessiterait la mise en œuvre de très grandes quantités d'alcool bon goût.

M. Lindet rappelle, à ce sujet, que M. Troost a reconnu, dans son rapport du 22 juillet 1899, que si l'on ne craignait pas la fraude par dilution on pourrait faire descendre à 2 0/0 la proportion de méthylène et ajoute: « Cette fraude par dilution est réprimée par l'emploi du formol et des infectants. »

Comment pourrait-on accepter cette conclusion; alors que l'on peut dire que la fraude par dilution ne trouve son application réelle que lorsque le dénaturant, pratiquement inséparable de l'alcool, est employé à dose assez réduite pour rendre ladite fraude intéressante.

Comment donc ne pas penser immédiatement, puisque le formol est éliminable, que la dilution pourrait être pratiquée avantageusement dans le cas de la réduction de la dose massive de méthylène et en raison directe de cette réduction. Il ne sert à rien, en effet, de multiplier, dans l'alcool dénaturé, la présence des produits infectants, s'ils sont tous facilement éliminables.

Ce qu'il faut, pour que l'Administration ait toute sécurité, c'est que son dénaturant ne puisse pas être séparé de l'alcool, et que son goût désagréable ne puisse pas être masqué par des essences.

Pourquoi donc remplacer ou modifier le méthylène Régie

qui remplit ces conditions mieux qu'aucun autre corps? L'alcool méthylique qu'il renferme ne saurait être éliminé et l'acétone et les impuretés, auxquelles est encore ajouté un demi-litre de benzine, rendent l'alcool dénaturé imbuvable.

Serait-il possible, la quantité d'alcool méthylique restant constante, de remplacer avantageusement les impuretés, l'acétone et la benzine ? C'est peu croyable, si, comme il a été démontré précédemment, la pyridine est éliminable de l'alcool, puisque la seule raison qui pourrait la faire préférer aux autres infectants serait son prix de revient plus réduit.

Quel intérêt pourrait-il donc y avoir à remplacer la benzine, qui ne coûte que 45 francs les 100 kilos, qui rend l'alcool imbuvable sans lui donner une odeur repoussante, qui se fabrique en grandes quantités en France, par les bases pyridiques dont le prix minimum serait de 250 francs, dont l'odeur écœurante serait susceptible d'entraver l'emploi de l'alcool dénaturé, dont la production est très restreinte et pour l'obtention desquelles nous serions tributaires de l'étranger ?

Mais si le remplacement du dénaturant actuel ne présente aucun intérêt au point de vue du prix de revient de la dénaturation, il y a lieu de rechercher :

1° S'il faut réduire la dose de méthylène Régie actuellement employée ;

2° Si une réduction, comme du reste une modification dans le genre de celle proposée par M. Lindet, serait de nature à aider au développement des emplois industriels de l'alcool.

Les dangers de la fraude par allongement, qui ont été démontrés plus haut, militent à eux seuls en faveur du maintien de la dose massive. Il en est de même du fait que tous les pays où l'on dénature l'alcool emploient le méthylène, en proportions variables, comme témoin de la dénaturation.

L'Administration a 350 millions de droits sur l'alcool à défendre et ce serait vraiment la désarmer que de lui demander de réduire la dose d'un produit lui assurant, aujourd'hui, un contrôle rigoureux de l'emploi des alcools exempts de droits.

Une réduction du quantum de méthylène serait du reste sans aucun effet sur le développement des emplois de l'alcool pour les usages industriels.

On a vu, en effet, que, grâce à la ristourne, la dénaturation par le méthylène rapportait au dénaturateur, au cours de l'alcool de 40 francs : 2 fr. 34.

Si l'on établit, de la même façon, le coût de la dénaturation suivant la formule de M. Lindet, on pourra écrire :

1 hect. d'alcool à 40 francs	40
2 lit. 1/2 de méthylène à 80 francs. . . .	2
0,5 de formol à 33 0/0 à 80 francs	0,40
0,25 de pyridine à 280 fr. les 100 kilos. .	0,70
0,50 de benzine Régie à 45 fr. les 100 kilos.	0,20
Droit compensateur.	1,485
	44,785

soit par hectolitre d'alcool dénaturé :

$$\frac{44{,}785 \times 100}{100{,}75} = 43{,}15$$

Cours de l'alcool	40
	3,15
Ristourne.	7.81
Reste en faveur du dénaturateur . . .	4,66

On voit donc que si, au lieu d'avoir été repoussée par la Commission extra-parlementaire de l'alcool, la formule de M. Lindet avait été adoptée, le dénaturateur n'aurait trouvé qu'un bénéfice de (4,66—2,34) = 2,32 par hectolitre d'alcool dénaturé, soit moins de 0 fr. 03 par litre.

L'expérience ayant toujours prouvé que toute réduction de prix ne représentant pas au moins la plus petite unité monétaire pour la plus faible unité de consommation, ne profitait pas à l'acheteur, on voit donc que ce bénéfice de 0 fr. 03 par litre n'arriverait même pas au consommateur, mais resterait entre les mains des intermédiaires.

Quelle pourrait être l'influence de cette diminution du

coût de dénaturant de 2 fr. 33 par hectolitre alors que les cours des alcools varient parfois, en quelques mois, de 100 0/0; passant de 25 francs à 50 francs l'hectolitre ?

Poser la question, c'est la résoudre.

Et qu'on n'oublie pas que c'est dans les conditions les plus exceptionnelles, c'est-à-dire dans les cas où la ristourne aurait été maintenue au taux actuel de 9 francs par hectolitre d'alcool pur soumis à la dénaturation, que le dénaturateur réaliserait cette économie de 2 fr. 33.

Une, situation moins bonne est probable, étant donné que, lors du vote de l'article 59 de la loi de finances de 1901, le ministère des Finances a fait nettement ressortir que la ristourne de 9 francs n'avait pas le caractère d'une prime, mais bien d'un remboursement du coût du méthylène et de la benzine, et que si, par un moyen quelconque, il était possible de réduire la dépense d'achat du dénaturant, il en résulterait immédiatement une réduction proportionnelle de la ristourne.

Rien ne serait donc changé.

Ne faut-il pas se demander, en présence d'une situation aussi claire, si tous ceux qui demandent la réduction de la dose massive de méthylène ne feraient pas mieux de lutter franchement pour l'établissement d'une prime en essayant d'obtenir simplement l'élévation du taux de la ristourne?

Le Trésor aurait ainsi toute sécurité, grâce au maintien de son fidèle et incorruptible agent : le méthylène, et les distillateurs toute satisfaction, par la faculté qui leur serait donnée d'abaisser le prix de vente de leurs alcools destinés aux usages industriels.

RÉSUMÉ

1° Le méthylène Régie étant pratiquement inséparable de l'alcool et permettant, à dose massive, d'éviter la fraude par allongement, constitue dans l'état actuel de la science, le meilleur des dénaturants connus.

2° La réduction de la dose massive de méthylène ne provoquerait pas de diminution du coût de l'alcool dénaturé, puisqu'il en résulterait immédiatement une réduction proportionnelle de la ristourne. Rien ne serait alors changé.

CHAPITRE XVI

QUESTIONS ÉCONOMIQUES SE RATTACHANT A LA DÉNATURATION DE L'ALCOOL

La dénaturation de l'alcool ne joue pas seulement un rôle capital dans le développement progressif des distilleries, mais encore dans l'avenir de l'agriculture, de la sylviculture et, par contre-coup, dans celui de la viticulture.

Les matières premières qui servent, en effet, à la fabrication de l'alcool sont en France les betteraves et les mélasses, et l'on sait que la betterave est en quelque sorte le pivot de rotation de la culture du blé.

Puisant dans l'air atmosphérique les éléments hydro-carbonés et dans le sol les produits azotés nécessaires à son développement, cette plante, après extraction du sucre, donne des tourteaux qui servent à l'alimentation du bétail et à la production du fumier dont le rôle est si précieux pour l'engraissement des terres.

Il en résulte que cette culture non seulement n'épuise pas les sols, mais permet leur reconstitution lente et par conséquent les semailles ultérieures de plantes dont la croissance ne pourrait, sans elle, qu'être très peu rémunératrice.

L'agriculteur obtient ainsi un cycle complet avec un rendement intensif à l'hectare (1).

1. D'après M. Grandeau, les champs dans lesquels ont été enfouis des feuilles de betteraves ont donné, à l'hectare, 35 quintaux de grains et 47 de paille, alors qu'un champ témoin, ensemencé sans enfouissage préalable de feuilles de betteraves, ne rendrait que 28 quintaux de grains et 38 de paille.

Ce sera donc à l'alcool dénaturé de parer à la crise dont la surproduction des sucreries menace l'agriculture.

Si les betteraves peuvent prendre la direction de la distillerie, le jour où leur écoulement dans les sucreries sera très réduit, il sera possible d'en continuer la culture et d'éviter ainsi la ruine dans des régions où les semailles du blé, pratiquées plusieurs années de suite, seraient incapables de donner un rendement suffisant.

Nos agriculteurs n'ont plus, comme autrefois, la ressource de cultiver certaines plantes sarclées, telles que les textiles et les oléagineux, et, en très peu de temps, ils épuiseraient leurs terres sans même avoir l'espoir de pouvoir lutter contre l'importation des blés étrangers.

Et il ne s'agit pas là d'une question n'intéressant qu'une faible partie du territoire, car la culture de la betterave couvre, chaque année, près de 189.000 hectares. C'est-à-dire 3 0/0 du territoire de la France.

Comme d'un autre côté il importe, pour la vitalité de la race, de réduire la consommation de bouche de l'alcool, nous avons donc raison de dire que c'est à l'alcool dénaturé seul qu'appartient de résoudre le problème.

Réduire l'alcool consommé comme aliment, en enrayant le fléau de l'alcoolisme et en redonnant à la race sa force primitive; procurer à l'industrie nationale une matière première d'une importance capitale; n'est-ce pas là un programme magnifique ?

Et il se complète par ce fait que le dénaturant méthylène s'obtient par la carbonisation du bois en vases clos et qu'à son emploi est intimement lié la prospérité de la sylviculture.

On sait, en effet, combien les propriétaires des bois de taillis ont de peine à écouler, pour la consommation domestique, les produits de leurs coupes depuis que l'emploi, toujours plus répandu, du charbon, du gaz, du pétrole, et même de l'alcool, ont détrôné le chauffage au bois.

Leur dernière ressource réside dans la vente des bois de taillis aux carbonisateurs qui, en les chauffant en vase clos, les transforment en charbon de bois et en acide pyroligneux.

Cet écoulement est bien loin d'être insignifiant car l'industrie des pyroligneux absorbe, chaque année, la majeure partie des bois de taillis provenant des coupes faites dans 200.000 hectares de forêts.

L'acide pyroligneux, obtenu par la distillation sèche du bois, est un mélange fixe, et dont on ne saurait faire varier la composition, de méthylène, d'acide acétique et de goudron de bois; et l'on conçoit que l'écoulement régulier du méthylène soit indispensable à la prospérité de l'industrie de la carbonisation.

Or cette vente dépend exclusivement, en France, de la dénaturation de l'alcool puisque les autres usages du méthylène, et en particulier son emploi pour l'obtention des couleurs méthylées, sont à peu près nuls depuis que l'étranger nous a supplantés dans la fabrication des couleurs d'aniline.

On a bien dit que la fabrication de l'aldéhyde formique consommerait des quantités importantes d'alcool méthylique mais, jusqu'à ce jour, la vente en est fort restreinte malgré les efforts et les sacrifices des fabricants.

Il est donc évident que si l'emploi du méthylène pour la dénaturation venait à être supprimé, il en résulterait une situation des plus graves.

Que se passerait-il, en effet, dans ce dernier cas?

Les usines, n'ayant plus d'écoulement pour leur méthylène, chômeraient, tant leurs recettes seraient réduites.

Conséquences : plus d'acide acétique, plus d'acétates, plus d'acétone, plus de chloroforme, d'iodoforme, de créosote, etc., et voilà du coup les industries qui, comme la teinture, l'impression, la tannerie, les fabriques de matières colorantes, de céruse, de couleurs minérales, de poudres sans fumée, de celluloïd, de produits pharmaceutiques ou de laboratoire, et tant d'autres qu'il serait fastidieux d'énumérer, tributaires de l'étranger pour tous les produits de la distillation du bois dont elles emploient annuellement plus de 50.000 tonnes.

Voilà la France à nouveau vaincue sur les marchés étrangers, dans une branche de l'industrie chimique où, jusqu'à ce jour, elle avait gardé une place prépondérante. C'est un lambeau de son ancien et merveilleux patrimoine industriel arraché ; c'est une défaite !

C'est aussi la ruine pour les régions forestières plantées en bois de taillis et pour les 50.000 individus qui y travaillent, car l'on sait que les exploitations en forêt sont, pour l'ouvrier et le petit cultivateur, l'emploi assuré pendant les mois d'hiver où la culture n'a pas besoin de leurs soins.

Sans le travail d'hiver assuré, que deviendrait cette main-d'œuvre ? Elle abandonnerait les campagnes, déjà si dépeuplées, pour se précipiter dans les villes où la misère guette ceux qui sont les moins bien armés pour la lutte.

Comme conséquence immédiate, c'est l'impossibilité de vivre pour les petits commerçants qui, dans les villages forestiers, profitent des salaires de l'ouvrier.

Mais ce n'est encore là qu'un côté de la question, car l'État lui-même subirait, autrement que par contre-coup, une perte des plus importantes par la diminution de valeur de la propriété forestière.

M. Gouget, notaire honoraire et vice-président du Syndicat forestier du Morvan, a, dans un mémoire très remarquable (1), déterminé la mesure dans laquelle seraient touchés les intérêts du Trésor.

Après avoir rappelé que la propriété forestière est grevée d'un impôt foncier exorbitant, qui varie de 20 à 50 0/0 du revenu brut annuel, il affirme que la baisse certaine de cette propriété supprimerait les « transmissions à titre onéreux » ou, en les rendant très rares et les faisant porter sur des prix tout à fait infimes, priverait le fisc des droits si élevés de mutation sur les ventes.

Voici du reste quelques chiffres qu'il donne à l'appui de son raisonnement :

1. Société des Agriculteurs de France, 1906.

« En général, la propriété forestière varie, d'après le cours des quinze dernières années, de 500 francs à 1.000 francs l'hectare, fonds et superficie, soit une moyenne de 750 francs (avant cette époque, le minimum n'était pas moindre de 1.000 francs). Si les 1.500.000 hectares de bois taillis nécessaires à la fabrication du méthylène valent, avec leur débouché actuel, 750 francs l'hectare, on arrive à un capital de : 1.125.000.000.

« Si, au contraire, les bois n'ont plus leur principal emploi, leur valeur devient presque nulle et tomberait, à un chiffre ne dépassant pas 150 francs à 200 francs l'hectare, soit, pour 1.500.000 hectares un maximum de : 300.000.000 fr.

« De là, une différence de valeur de : 825.000.000 francs.

« Or il est établi que la propriété foncière change de mains en moyenne une fois tous les quinze ans; les droits de mutation par voie de transmission à titre onéreux étant de 6,875 francs 0/0, il en résulterait un déficit pour le Trésor de 56.718,750 francs ou, par an, une perte en chiffres ronds de : 3.780.000 francs.

« Quant à la diminution des droits de mutation par décès et par donation à titre gratuit, elle ne serait pas moins grande ; on sait que ces droits se calculent seulement sur un capital formé par vingt-cinq fois le revenu brut ; quel serait alors le revenu d'une propriété inexploitée ou inexploitable?

« Il y a encore les droits sur les licitations, échanges, partages, transactions, et sur tous autres actes et formalités se rattachant à la propriété foncière; ce serait une moins-value de plus pour le Trésor.

« Puis enfin, comment acquitter un impôt foncier déjà si lourd et si écrasant ? Comment le recouvrement pourrait-il s'en opérer? En expropriant un bien sans valeur, joli résultat ! »

Cet extrait du travail de M. Goujet montre bien à quel point la question du dénaturant est complexe et combien le maintien de la dose massive de méthylène est importante pour éviter une crise aussi bien financière qu'économique.

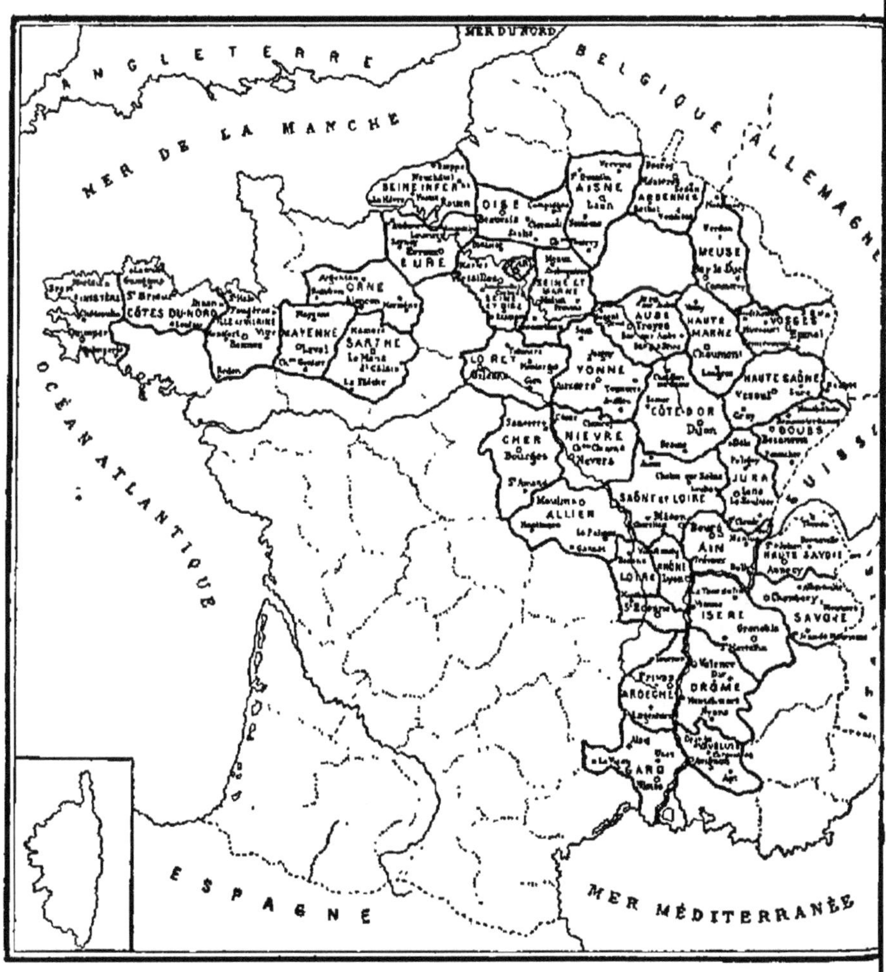

Carte de France
montrant les départements dans lesquels se fait la carbonisation du bois

En dehors de l'agriculture et de la sylviculture, la dénaturation de l'alcool intéresse encore, par contre-coup, les régions viticoles.

Lorsque la distillerie industrielle vint compenser, par sa production, le déchet formidable d'alcool produit par les maladies de la vigne, et en particulier par le phylloxera, il fut facile de prévoir que le jour où le vignoble français serait reconstitué, il en résulterait, par suite de surproduction, une situation économique des plus graves. Le mal devait être encore plus grand qu'on ne s'y attendait.

Les greffages américains donnèrent un rendement plus élevé des plans de vigne, et plusieurs années particulièrement favorables jetèrent sur le marché des quantités si considérables de vins que leur distillation amena un affaissement important des cours de l'alcool.

Ce fut alors que la question des emplois de l'alcool pour l'industrie se posa dans toute son acuité, et qu'aussi bien les agriculteurs du Nord, que les viticulteurs du Centre et du Midi, envisagèrent la dénaturation comme le seul moyen de salut.

Les méthodes préconisées différaient; les distillateurs vantant la supériorité de leurs alcools fin goût et les viticulteurs demandant la création d'acquits roses et blancs et d'une taxe différencielle, dans le but de fermer ainsi aux produits des distilleries la consommation de bouche; mais le résultat à atteindre restait le même pour les uns comme pour les autres: accroître les emplois de l'alcool dénaturé, en allégeant d'autant l'ancien marché des alcools de consommation.

Et c'est ainsi que la question de la dénaturation de l'alcool et du dénaturant touche à la richesse territoriale de la France et dépasse de beaucoup une simple mesure de dépense fiscale.

RÉSUMÉ

La question de la dénaturation de l'alcool touche à la fois :

a) A l'avenir de l'agriculture;

b) A la vie de la sylviculture ;

c) A la prospérité de la viticulture.

CHAPITRE XVII

DES QUALITÉS DES ALCOOLS A DÉNATURER

Les appareils fonctionnant à l'alcool dénaturé se détériorent parfois très rapidement et ces attaques ont été longtemps attribuées à la formule de dénaturation. Aujourd'hui on peut se demander si l'alcool lui-même et ses impuretés ne doivent pas être incriminés.

M. Lindet (1), en étudiant les influences activantes et paralysantes de certains corps dans la production de la houille, a signalé que les impuretés de l'alcool, telles que les aldéhydes et les acétates d'éthyle, attaquent le zinc et l'étain, puis le fer des bidons renfermant l'alcool dénaturé, ce qui amorce la formation rapide de l'oxyde de fer.

La benzine Régie et l'acétate de méthyle, que l'on rencontre dans les méthylène, jouent le même rôle.

M. Heinzelmann (2) a démontré que même l'alcool fin attaquait, à froid, la plupart des métaux et a expérimenté l'influence des éthers contenus dans les méthylènes.

Toutefois les attaques signalées par ces auteurs ne se produisent qu'à la longue et l'acidité libre de l'alcool ou de son dénaturant est trop minime pour expliquer les détériorations constatées.

Il y a donc lieu d'examiner successivement les influences

1. *Bulletin Association des Chimistes de sucrerie et de distillerie*, 1904-1905, p. 370.

2. Zeitschrift fur spiritus, 1903 et 1905.

auxquelles sont soumis l'alcool et le méthylène dans les moteurs d'une part, et dans les réchauds et les lampes d'autre part, car les températures auxquelles l'alcool est porté dans ces deux cas sont fort différentes.

I

ALCOOLS DÉNATURÉS POUR LA FORCE MOTRICE

Le reproche que de nombreux chauffeurs ont adressé à l'alcool dénaturé est relatif à l'encrassement des soupapes d'admission et d'échappement, et à l'oxydation des cylindres des moteurs; mais l'étude de ces inconvénients est complexe puisque la décomposition de l'alcool ou de son dénaturant, aux températures que l'on rencontre dans les cylindres, touche à la fois aux réactions pyrogénées et aux actions de contact.

Sorel (1) a expérimenté l'action des températures modérées sur les alcools éthylique et méthylique, soit en présence de l'air, soit à l'abri de l'oxygène libre, et étudié l'action des métaux sur les vapeurs de ces deux alcools.

Les résultats qu'il a obtenus peuvent être résumés comme suit :

A) *Action des températures modérées à l'abri de l'oxygène libre.*

1° Alcool méthylique :

Dès 150° production d'aldéhyde formique ;

Vers 300° traces d'aldéhyde formique ;

— 365° traces d'aldéhyde ;

— 360° production d'aldéhyde et d'acide.

1. *Carburation et combustion dans les moteurs à alcool* (Vve Dunod, Paris, 1904).

B) *Action simultanée de la chaleur et de l'oxygène.*

1° Alcool méthylique :

Vers 160° production d'aldéhyde et d'acide ;

— 200° production — seulement ; traces d'acide.

2° Alcool éthylique :

Vers 250° les liquides condensés sont neutres ;

— 350° — — — acides.

C) *Action des métaux à l'abri de l'oxygène libre.*

Alcool méthylique :

Limaille de fer doux :	350°	Aldéhydes.	Pas d'acide.
Tournure de fonte grise :	350°	—	Acide ;
— Acier fondu :	350°	—	Peu d'acide ;
Aluminium :	350°	—	Pas d'acide.
Zinc :	350°	—	

2° Alcool éthylique :

Limaille de fer doux : 350°	Aldéhydes.	Pas d'acide ;
Tournure de fonte grise : 350°	—	Peu d'acide ;
— d'acier fondu	—	Pas d'acide ;
Aluminium	—	Très acide ;
Zinc	—	Neutre.

Et Sorel conclut en disant :

« L'alcool éthylique donne toujours lieu à une production d'acide. »

« L'alcool méthylique donne des produits moins acides, parfois neutres (1). »

1. *Loco citato*, p. 269.

Ces chiffres indiquent que les altérations peuvent se produire, à température modérée, sans qu'il y ait dislocation manifeste de la molécule organique, et viennent compléter les travaux antérieurs de différents auteurs, qui, comme Marchand (*Journal fur Prakt, Chem.* t. XV, p. 7), Reichenbach (*Journal fur Chem. u. Phys.* v. Schmeiger, t. LXI, p. 593) et Berthelot (*Ann. de Ch. et de Ph.*, t. 33, p. 295) ont montré que l'alcool éthylique se décompose en passant à travers un tube de porcelaine chauffé au rouge.

M. Trillat, en étudiant l'oxydation de l'air alcoolisé sous l'influence de parois métalliques (Congrès de l'alcool, Paris, décembre 1902), et en faisant passer des vapeurs d'alcool dans un tube renfermant une spirale de platine chauffée (*C. R.*, 19 janvier 1903 et *B. Soc. Chim.*, 1903 p. 931, et *Oxydation des alcools*, Naud Paris, 1901), est arrivé aux conclusions suivantes :

A) 1° Alcool pur :

6 700°	Production d'acide acétique.	Pas d'aldéhydes.
100° 9 à 10 0/0	— —	Pas d'aldéhydes.
3 400° 5 à 6 0/0	— —	Gde proport. d'aldéhydes.

2° Alcool dénaturé :

6,700° 1 à 5 0/0	— —	Trioxyméthylène.
4/500° 12 à 15 0/0	— —	3 à 4 0/0 d'aldéhydes.
350/400°	Pas d'acide	12 à 14 0/0 d'aldéhydes.

B) 1° Alcool éthylique :

200°	Production d'aldéhydes ;
rouge sombre	— d'acide acétique ;
rouge blanc	— CO^2 et CO.

2° Alcool méthylique :

200°	Pas de produits acides. Méthylal ;
rouge sombre	CH^4 et méthylal ;
rouge cerise	Méthylal et acide. Moins de CH^2O ;
rouge blanc	CH^2O diminue. CO^2.

Si l'on rapproche ces résultats de ceux obtenus par MM. Sabatier et Senderens (*B. Sté. Ch.*, t. 29 p. 150 et 711) qui ont constaté que l'alcool, dès 150 à 200° (suivant que l'essai est pratiqué en présence de cuivre ou de nickel), se décompose en donnant naissance à des aldéhydes, on comprend qu'il puisse se produire dans les cylindres des moteurs des produits acides provoquant à la longue leur détérioration. Ces attaques sont cependant peut être moins imputables à l'alcool éthylique pur, ou à son dénaturant, qu'à la façon d'utiliser ces corps, ou même aux qualités des alcools dénaturés que l'on trouve dans le commerce.

C'est ainsi que Sorel a démontré, à la suite du concours nternational de moteurs fixes à alcool, qui a eu lieu à Paris en mai 1902, que la carburation joue un rôle capital et que si le carburateur n'a pas complètement et instantanément volatilisé le combustible d'une façon homogène, on a des combustions incomplètes qui peuvent se traduire par la production de fumées et de produits acides.

En outre, et nous le démontrerons plus loin en traitant des lampes et réchauds, les impuretés de l'alcool, aldéhydes et éthers, ainsi que les acétates de méthyle renfermés dans les méthylènes, sont très facilement oxydables ou décomposables et donnent, dès 200 à 250°, des doses importantes d'acide acétique.

Cette question de la qualité de l'alcool ne joue pas un simple rôle au point de vue de la détérioration des moteurs, mais influe aussi considérablement sur leur rendement.

M. Périssé (Rapport présenté au Congrès de Chimie appliquée, Rome, avril 1906) a procédé sur un moteur Gillet-Forest, répondant aux dimensions suivantes :

Alésage	140 m/m.
Course	160 m/m.
Rapport de l'alésage à la course.	1,27.

avec, comme dynamomètre, une dynamo Postel-Vinay, à une série d'essais dans lesquels il a comparé :

1° L'alcool bon goût titrant 90/91, de densité égale à 0,830.

2° L'alcool mauvais goût, composé de têtes et de queues de rectifications, titrant 91/92, de densité égale à 0,829 ;

3° Les flegmes de distillerie agricole, à haut degré, titrant 92 degrés et de densité égale à 0,827 ;

4° Un mélange de 10 0/0 de méthylène, de 1/2 0/0 de benzine Régie et de 90 0/0 de chacun des trois alcools précédents ;

5° Le méthylène Régie.

Tous les rendements ont été comparés à ceux obtenus avec l'essence, non pas comme chiffre absolu, mais simplement comme perte de puissance.

Les résultats trouvés ont été les suivants :

1° Influence de la qualité de l'alcool.				
Titre alcoométrique		Puissance en chevaux	Perte de puissance	Consommation par cheval-heure
Bon goût.	91°	7,3	3,9 %	0,53 litre
Mauvais goût	91°,4	7,2	5,2 »	0 52 »
Flegmes	92°	7,9	2,5 »	0,52 »
2° Influence du méthylène.				
Bon goût . .	10 % de méthylène	7,9	1,2 %	0,58 litre
Mauvais goût. —	—	7,9	2,4 »	0,56 »
Flegmes . . —	—	7,2	4,6 »	0,54 »

Le méthylène Régie expérimenté à part a donné des résultats sensiblement égaux à ceux de l'alcool bon goût et ce fait démontre bien que c'est à tort que la formule de dénaturation a été longtemps incriminée.

Nous avons vu du reste, précédemment, que dans le circuit des Ardennes, le moteur Gobron qui a donné des résultats si satisfaisants était alimenté avec du... *méthylène carburé.* La vente de l'alcool dénaturé étant interdite en Belgique, M. Leprêtre avait trouvé cette façon élégante de tourner la difficulté qui a donné la victoire au méthylène!

Benzine Régie. — D'après M. Perissé, ce produit présenterait de sérieux inconvénients.

On peut déduire des travaux qui viennent d'être analysés que, pour la force motrice :

1° Les alcools éthyliques doivent avoir été soigneusement rectifiés;

2° Les flegmes à haut degré sont préférables aux alcools mauvais goût de têtes ou de queues qui renferment des aldéhydes ou des éthers ;

3° Le méthylène, même à la dose de 10 0/0, ne nuit pas à l'emploi de l'alcool dans les moteurs ;

4° La benzine Régie, étant donnés ses points de distillation élevés, présente des inconvénients sérieux.

II

LAMPES ET RÉCHAUDS

Les détériorations de ces appareils peuvent être rapportées à deux types principaux :

1° Encrassement des becs, concurremment à l'encrassement et au durcissement des mèches;

2° Attaque des becs et destruction des toiles métalliques qui s'y trouvent.

Les températures auxquelles l'alcool dénaturé est porté dans les lampes et réchauds sont généralement inférieures à celles dont il a été question dans les essais pratiqués pour l'étude des oxydations dans les moteurs, et les travaux qui ont été résumés plus haut ne sauraient trouver ici une exacte application.

M. Trillat a signalé (*C. R.*, janvier 1903 et *Sté chimique*, 1903, p. 913) que l'alcool donnait des produits d'oxydation très facilement, même à froid, dans une foule de cas, et nous-même, en collaboration avec M. J. Dourlen (*C. R.*, 31 décembre 1901), avons montré que les alcools éthylique et méthylique étaient susceptibles, par simple distillation en présence de surfaces métalliques, de s'oxyder jusqu'à l'apparition de l'acide acétique.

Toutefois les doses d'acide ainsi obtenues étaient trop peu élevées pour expliquer les corrosions signalées.

Nous avons donc repris la question avec M. H. Carroll (Congrès de Rome, avril 1906), en étudiant non seulement l'alcool méthylique et l'alcool éthylique purs, mais aussi leurs principales impuretés telles que l'aldéhyde, les acétates d'éthyle et de méthyle, l'acétone et enfin la benzine Régie qui est obligatoirement ajoutée à l'alcool à la dose de 1/2 0/0.

Les lampes et réchauds comportent tous une chaudière ou un tube de gazéification où l'alcool est transformé en vapeurs, soit sous l'action d'une veilleuse permanente, soit sous celle d'une flamme dérivée ou d'une tige métallique récupérant la chaleur, ce qui crée une distillation en présence de surfaces métalliques.

Nos essais ont été pratiqués dans un appareil réalisant les conditions de la marche d'une lampe dont on aurait recueilli les gaz avant leur combustion.

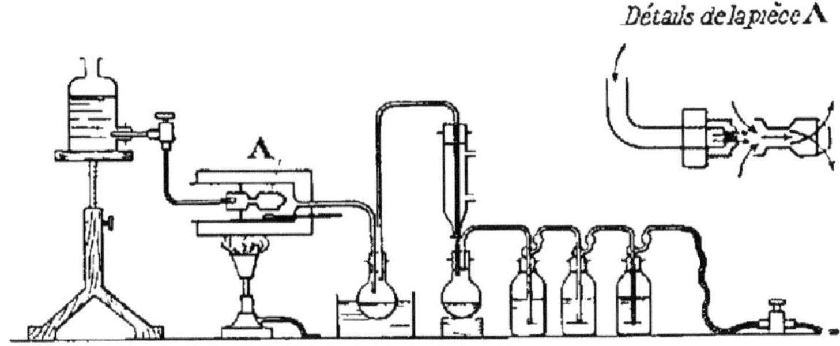

La pièce A est un bec de lampe, en cuivre jaune, relié, d'un côté à un tube de verre adducteur du produit mis en expérience, de l'autre à une trompe à eau, par une série de récipients de réfrigération et de barbotage permettant de retenir tout l'acide produit pendant la durée de l'essai.

Le bec A est logé dans un tube de verre, ouvert à l'une de ses extrémités, par où se fait l'entrée d'air aspiré par la trompe et le tout est chauffé au bain d'air.

Le débit du flacon renfermant l'alcool est réglé à l'aide d'un robinet à pointeau, de façon qu'il corresponde, aussi exactement que possible, à la consommation normale de la lampe dont le bec a été démonté.

Après l'expérience, les liquides condensés, ainsi que l'eau des barboteurs, sont réunis et l'acidité titrée à l'aide d'une solution de soude à 1 gramme de Na OH par litre et calculée en acide acétique $C^2 H^4 O^2$.

Les résultats obtenus sont consignés ci-dessous :

	Corps mis en expérience	Constantes du corps expérimenté	Acidité par litre, déduction faite de l'acidité primitive		
Température 180 à 190°	Alcool éthylique. .	Degré . . 96 Acidité . . 0,050 Aldéhydes. Traces Ethers . . 0,070	0 gr. 313	0 gr. 555	1 gr. 795
	Alcool méthylique.	Degré . . 98 Acidité . . 0,070 Ethers . . »	0 gr. 191	1 gr. 297	1 gr. 282
	Aldéhyde	»	5 gr. 135	7 gr. 231	»
	Acétone.	»	0 gr. 114	0 gr 341	»
	Acétate d'éthyle. .	»	0 gr. 161	0 gr 383	»
	Acétate de méthyle.	»	0 gr. 151	0 gr. 430	»
	Benzine. Points de distillat°n 150/190°.	»	1 gr. 307	1 gr. 386	»
Temp. 250°	Acétate d'éthyle. .	»	3 gr. 450	»	»
	Acétate de méthyle.	»	5 gr. 410	»	»

Les chiffres de la première colonne ont été obtenus en réglant l'afflux d'air de façon à ce que les poids d'air et du corps mis en expérience soient entre eux comme les chiffres 1 et 8.

Dans les deux autres essais, le débit de la trompe a été augmenté jusqu'à être deux fois plus considérable que dans le premier cas.

Alcool éthylique.

Si l'on prend le minimum de l'acide libre engendré par l'alcool et que l'on admette que le tiers seulement de cet acide, soit 0 gr. 100, ait été en contact avec les parties métalliques de la lampe, on constate que par litre d'alcool consommé, il se formerait aux dépens du cuivre : 0 gr. 166 d'acétate de cuivre.

C'est évidemment peu, mais suffisant cependant pour expliquer les corrosions car, lorsque l'intérieur des becs a perdu son poli, l'attaque ultérieure est facilitée.

Il nous a semblé en outre, et ce fait est conforme à une étude de M. Trillat (*Sté Ch.*, p. 913, 1903), que plus les pièces de cuivre ont été chauffées et plus elles deviennent aptes à aider à la décomposition de l'alcool et à la production d'acide.

Alcool méthylique.

La proportion de l'acidité produite aux dépens de ce corps paraît être de même importance, sinon un peu plus faible, que celle engendrée par l'alcool éthylique.

Aldéhyde.

Ainsi qu'on pouvait s'y attendre, la production d'acide par oxydation de l'aldéhyde est considérable et la présence de doses importantes de ce corps doivent être de nature à favoriser l'attaque des appareils.

Ce fait démontre que l'emploi, pour la dénaturation, de flegmes à haut degré est préférable à celui d'alcools mauvais goût provenant de la rectification de ces mêmes flegmes, car, dans ces derniers, les produits de têtes riches en aldéhydes se trouvent successivement accumulés.

A cette raison de proscrire l'aldéhyde, provenant de sa facilité d'oxydation, vient s'ajouter l'action néfaste de ce corps sur les mèches dont elle paraît provoquer la résinification.

Acétone.

La production d'acide aux dépens de l'acétone est relativement faible.

Acétates d'éthyle et de méthyle.

Ces éthers ne se décomposent que faiblement à une température de 180-190 degrés; en revanche, ils donnent, à 250 degrés, une proportion d'acide importante et qui devrait les faire éliminer des alcools dénaturés puisque l'on peut rencontrer des lampes s'échauffant assez rapidement.

Comme pour l'aldéhyde, la présence de doses élevées d'éther acétique dans les alcools mauvais goût doit leur faire préférer les flegmes à haut degré.

Pour éliminer les acétates de méthyle, il serait facile de rectifier soigneusement, en présence de chaux, les méthylènes destinés à la dénaturation.

Benzine Régie.

L'acidité produite aux dépens de ce corps qui, d'après les règlements administratifs, doit distiller entièrement entre 150 et 200 degrés, a été calculée en acide acétique, car la nature exacte des produits acides obtenus n'a pas été déterminée.

Les produits condensés ne renfermaient pas de SO^2 qui aurait pu provenir de la décomposition du thiophène que les benzines renferment fréquemment.

En dehors de la production d'acide, la benzine Régie présente un inconvénient sérieux provenant de son point d'ébullition élevé : elle laisse dans les tubes des lampes un produit de décomposition gras et charbonneux et c'est ce résidu qui obstrue presque complètement, au bout de peu de temps, les mèches métalliques de certains réchauds.

Doit-on conclure de ce qui précède qu'il est impossible d'éviter l'attaque des lampes et réchauds fonctionnant à l'alcool dénaturé?

Nous ne le croyons pas, car il serait facile, pour se mettre à l'abri de l'action de l'acide acétique, d'argenter les surfaces internes des becs; mais il est indispensable de ne dénaturer, en vue de leur emploi pour le chauffage et l'éclairage, que des alcools soigneusement rectifiés et débarrassés, dans la mesure du possible, non seulement des acides libres, mais des aldéhydes et de l'éther acétique qu'ils peuvent renfermer.

C'est ainsi qu'il est à craindre que le désir de certains viticulteurs de pouvoir, dans les années de pléthore, distiller leurs vins en vue de la dénaturation, ne puisse se réaliser, tout au moins lorsque ces alcools seront destinés aux usages domestiques.

Quels seraient, en effet, les vins distillés? Les vins malades ou piqués de préférence aux autres et on risquerait alors de trouver, dans les alcools préparés avec ces matières premières, à côté de doses importantes d'éthers et d'aldéhydes, de l'acide sulfurique dont l'action serait néfaste (Barbet et Mestre. Congrès de l'alcool. A. C. Paris, 1903).

L'alcool méthylique et l'acétone ne donnant pas plus d'acide que l'alcool éthylique, il y aurait lieu simplement de fixer un maximum à la dose d'acétate de méthyle que l'on peut rencontrer dans les méthylènes Régie.

Cette opération, non seulement ne présenterait aucune difficulté puisque les éthers méthyliques sont facilement saponifiables, mais serait encore avantageuse pour les carbonisateurs de bois.

La densité de ces corps, en effet, se rapprochant de celle de l'eau, il y aurait intérêt à régénérer ainsi l'acide acétique et l'alcool méthylique.

Pour la benzine Régie, le choix de produits distillant à température plus basse s'imposerait, dans le but d'éviter l'encrassement des mèches et les dépôts charbonneux dont il a été question plus haut.

RÉSUMÉ

1° L'alcool éthylique donne, aux températures que l'on rencontre dans les moteurs, les lampes et les réchauds, des doses d'acide libre suffisantes pour expliquer l'attaque des appareils ;

2° Les alcools, destinés au chauffage, à l'éclairage et à la force motrice, doivent être soigneusement rectifiés, les impuretés, et en particulier les aldéhydes et les éthers, donnant des proportions importantes d'acidité ;

3° L'acidité provenant de l'oxydation de l'alcool méthylique est légèrement plus faible que celle produite par l'alcool éthylique ;

4° L'acétone donne naissance à des doses relativement faibles d'acidité ;

5° La benzine produit des quantités importantes de produits acides et son point d'ébullition élevé peut provoquer, dans les becs et dans les mèches, des dépôts charbonneux et gras ;

6° Les lampes s'échauffant facilement et à tirage forcé s'attaquent plus, à consommation égale, que celles qui s'échauffent peu et sont à tirage normal.

CHAPITRE XVIII

CONCLUSIONS

Nous venons d'étudier la dénaturation de l'alcool dans les différents pays d'Europe et nous avons cherché à comparer les législations étrangères avec la législation française.

Quelles sont donc, au point de vue de la France, les conclusions qui peuvent être tirées de notre étude ?

Nous les rangerons en deux classes suivant qu'elles se rapportent à l'alcool dénaturé lui-même ou à son dénaturant.

Alcool éthylique. — Étant donné qu'au développement des emplois industriels de l'alcool peut correspondre une diminution du fléau de l'alcoolisme et une période de prospérité pour l'agriculture du Nord et les régions viticoles, il nous paraît indispensable de :

1° Simplifier, dans la mesure compatible avec les intérêts du Trésor, les formalités concernant la circulation et la vente de l'alcool dénaturé ;

2° Faciliter les transports des alcools dénaturés, en les faisant profiter des mêmes tarifs réduits que les pétroles raffinés, et en accordant, aux emballages vides, la gratuité du retour sur les différents réseaux;

3° Réserver à la préparation des vernis, et autres industries employant l'alcool comme dissolvant ou comme véhicule temporaire, les alcools mauvais goût;

4° Ne dénaturer pour le chauffage, l'éclairage ou la force motrice, que des alcools soigneusement rectifiés et exempts d'aldéhydes ou d'éthers afin d'éviter l'attaque des appareils.

Dénaturants. — A. *Benzine.* — Ce corps provoquant dans les mèches et les becs des lampes et réchauds des dépôts charbonneux, il y aurait lieu de réduire les limites de température dans lesquelles il doit distiller.

B. *Méthylène.* — 1° De la valeur du méthylène Régie comme agent de dénaturation;

2° De la gratuité de la dénaturation du fait de la ristourne de 9 francs;

3° Du danger que présenterait pour l'État la diminution de la dose massive de méthylène par suite de la fraude par dilution; ou l'emploi des autres dénaturants étudiés, étant donné qu'ils sont tous séparables de l'alcool ;

4° Des droits acquis par l'industrie de la carbonisation des bois en vase clos qui s'est développée pour répondre aux demandes et aux besoins de l'Administration;

5° De ce fait qu'il serait peu politique, pour développer les emplois industriels de l'alcool et par conséquent de la culture betteravière, de ruiner une autre industrie et en même temps la sylviculture française ;

6° Du fait des droits énormes que l'Administration de la Régie doit défendre, sans avoir à sa disposition les mêmes règlements qu'en Angleterre ou les mêmes pénalités qu'en Allemagne ;

Il résulte que nous croyons pouvoir conclure :

1° Que l'État français doit posséder un système de dénaturation plus parfait que celui employé en Allemagne ;

2° Que le méthylène type Régie, à dose massive, doit être considéré, dans l'état actuel de la question, comme le meilleur dénaturant connu, et par conséquent, être conservé pour la dénaturation de l'alcool en France.

Mai 1906.

ANNEXE A

La dénaturation aux États-Unis d'Amérique.

A partir du 1er janvier 1907, conformément à une loi votée au mois de juin 1906, l'alcool destiné aux usages industriels ainsi qu'à l'éclairage, au chauffage et à la production de la force motrice, pourra être dénaturé aux États-Unis, et, exempté de ce fait, de tous droits de Régie.

Quoique cette question sorte du cadre du présent ouvrage, il nous paraît indispensable de signaler qu'en conformité de la loi précitée, l'accise américaine vient d'adopter le dénaturant français, soit un mélange de :

10 litres de méthylène ;
et 1/2 — de benzine,
par hectolitre d'alcool dénaturé.

C'est à la suite d'un long voyage d'enquête en Europe, pendant lequel les délégués de « L'Internal Revenue » ont successivement étudié, sur place, les méthodes et les formules de dénaturation appliquées en France, en Allemagne et en Angleterre, que la préférence a été donnée à la dose massive de méthylène.

Cette décision est symptomatique et confirme d'autant plus les conclusions auxquelles nous avons été amené dans le chapitre XVIII, que les Américains ont choisi le mode de dénaturation appliqué en France, malgré les armes que la nouvelle loi du « Free alcool » met à la disposition de l'Administration et qui, par elles-mêmes, seraient une sérieuse entrave à l'esprit de fraude.

C'est ainsi que toute tentative de revivification d'alcool dénaturé pourra être punie d'une amende de 25.000 francs et d'un emprisonnement de cinq ans, ainsi que de la confiscation, au profit de l'État, des propriétés du fraudeur, lorsqu'il aura été établi qu'elles servaient à la réalisation de la fraude.

Les règlements administratifs régissant l'opération de la dénaturation rappellent de très près les règlements français.

Il y a également lieu de signaler qu'en dehors des États-Unis, la République Argentine et le Chili ont adopté des formules de dénaturation presque similaires à la formule française.

ANNEXE B

Loi du 16 décembre 1897.

RELATIVE AU RÉGIME FISCAL
DES ALCOOLS DÉNATURÉS ET A DIVERSES MESURES CONCERNANT LES ALCOOLS.

Article premier. — La taxe de dénaturation est réduite à trois francs (3 fr.) [décimes compris] par hectolitre d'alcool pur.

A partir du 1er janvier qui suivra la promulgation de la présente loi, les tarifs d'octroi sur l'alcool dénaturé seront ramenés de plein droit dans les limites fixées par l'article 4 de la loi du 2 août 1872.

Art. 2. — Le bénéfice de la taxe de dénaturation n'est acquis qu'aux alcools dénaturés soit dans l'établissement même où ils ont été produits, soit dans tout autre établissement dont les installations en vue de la dénaturation auront été agréées par l'Administration.

Le règlement d'administration publique prévu à l'article 6 déterminera les conditions de la surveillance à laquelle ces divers établissements seront soumis.

Les alcools qui y seront expédiés pour y être dénaturés seront placés sous le plomb de la Régie.

Art. 3. — La dénaturation a lieu sous la surveillance du service des Contributions indirectes.

La quantité minima sur laquelle devra porter chaque opération sera déterminée pour chaque industrie par le règlement rendu pour l'exécution de la présente loi.

Les dénaturants sont fournis par l'État : des décisions du ministre des Finances déterminent le procédé général de dénaturation et fixent le prix de vente des dénaturants dans la limite du prix de revient, augmenté des frais de manipulation et de transport.

Toutefois, lorsque la nature de l'industrie ne permettra pas l'emploi de l'alcool dénaturé par la formule générale, des décisions du ministre, rendues sur l'avis du Comité consultatif des arts et manufactures, détermineront des formules spéciales de dénaturation et dispenseront de l'obligation de se servir des dénaturants fournis par l'État.

Art. 4. — Le bénéfice du tarif réduit établi par l'article 1er n'est acquis que sous les conditions ci-après :

1° Les industriels qui dénaturent l'alcool et les commerçants qui vendent l'alcool dénaturé doivent être pourvus d'une autorisation personnelle donnée par la Régie ; cette autorisation est renouvelable annuellement et peut toujours être révoquée;

2° Ils sont tenus d'inscrire leurs opérations ainsi que leurs réceptions et livraisons, au moment même où ils y procèdent, sur un livre qui reste à la disposition du service : les employés supérieurs ont, en outre, le droit d'examiner leurs livres de commerce.

Dans les industries où, au cours des manipulations, l'alcool disparaît ou est transformé, les intéressés peuvent être affranchis des obligations mentionnées au deuxième paragraphe, moyennant l'engagement de supporter les frais d'une surveillance dont l'organisation sera déterminée par le même règlement.

. . . .

Art. 6. — Un règlement d'administration publique déterminera les conditions particulières auxquelles sera soumis l'emploi de l'alcool dénaturé dans chaque industrie et toutes les mesures d'application de la présente loi.

. . . .

Art. 11. — Toute revivification ou tentative de revivification d'alcools dénaturés, toute manœuvre ayant pour objet soit de détourner des alcools dénaturés ou présentés à la dénaturation, soit de faire accepter à la dénaturation des alcools déjà dénaturés, toute vente ou détention de spiritueux dans la préparation desquels seront entrés des alcools dénaturés ou des mélanges d'alcools éthylique et méthylique, sont punies d'un emprisonnement de six jours à six mois et d'une amende de cinq mille à dix mille francs (5.000 à 10.000 fr.)

Les autres contraventions aux dispositions de la présente loi ou du décret rendu pour son exécution sont punies d'une amende de cinq cents à cinq mille francs (500 à 5 000 fr.).

Le tout sans préjudice du remboursement des droits fraudés et de la confiscation des appareils et liquides saisis.

En cas de récidive, l'amende sera doublée.

Les mêmes peines seront applicables à toute personne convaincue d'avoir facilité la fraude ou procuré sciemment les moyens de la commettre

Décret du 1er juin 1898

PORTANT RÈGLEMENT D'ADMINISTRATION PUBLIQUE SUR L'EMPLOI DE L'ALCOOL DÉNATURÉ DANS L'INDUSTRIE ET LES MESURES D'APPLICATION DE LA LOI DU 16 DÉCEMBRE 1897.

. . . .

Titre Ier. — *De la dénaturation et de l'emploi des alcools destinés aux usages industriels.*

Article premier. — Toute personne qui se propose de dénaturer des alcools ou de faire emploi dans son industrie, d'alcool dénaturé, doit adresser une demande au directeur départemental des Contributions indirectes.

Les fabricants de produits à base d'alcool dénaturé doivent indiquer dans leur demande la nature, l'espèce, la qualité des produits qu'ils fabriquent et les usages auxquels ces produits sont destinés. Ils doivent produire, en outre, une patente valable pour l'exercice de l'industrie aux besoins de laquelle l'alcool doit être employé.

Art. 2. — Les dénaturateurs doivent joindre à leur demande un plan intérieur, avec légende, de toutes les parties de leur établissement. Ce plan, établi en double expédition, présente pour l'ensemble des ateliers l'emplacement des cuves ou autres récipients établis à demeure et, le cas échéant, l'emplacement de tous les appareils de distillation ou de rectification, avec l'indication des numéros d'ordre des appareils ou récipients.

Les changements ultérieurs seront déclarés à l'avance; ils donneront lieu à la production d'un plan rectificatif.

Art. 3. — A Paris, les dénaturations sont faites dans les entrepôts réels.

Art. 4. — Dans les distilleries, les locaux où s'opèrent les dénaturations, ainsi que les magasins où sont placés les alcools dénaturés et les produits fabriqués avec ces alcools doivent être complètement séparés des locaux contenant les appareils de distillation ou de rectification et de ceux où se trouvent ces alcools non dénaturés.

Dans les établissements autres que les distilleries, les ateliers où s'opèrent les dénaturations ainsi que les magasins où sont placés les alcools dénaturés et les produits fabriqués avec ces alcools, ne peuvent avoir de communication que par la voie publique avec les locaux contenant des alambics ou avec ceux où se trouvent des alcools non dénaturés destinés à la vente en gros ou en détail.

Toutefois, si la nature des fabrications industrielles exige absolument l'emploi d'appareils de distillation ou de rectification, l'Administration des Contributions indirectes peut autoriser, aux conditions qu'elle détermine, l'installation de ces appareils dans les locaux affectés à la dénaturation ou à l'emmagasinement des alcools dénaturés.

Art. 5. — Les cuves dans lesquelles s'opère le mélange de l'alcool avec les substances dénaturantes doivent être isolées, bien éclairées et reposer sur des supports à jour. Les supports auront une hauteur de un mètre au moins au-dessus du sol, et il existera tout autour des cuves un espace libre d'au moins 60 centimètres.

Chacun de ces récipients sera muni de deux indicateurs à niveau, avec tube en verre et curseur, gradués par hectolitres et par décalitres et fixés sur les points désignés par le service. Leur couvercle devra être mobile dans toutes ses parties et disposé de manière à pouvoir être entièrement enlevé lors des opérations.

Les industriels doivent, pour l'agencement de leurs ateliers et magasins, ainsi que du local et des bacs affectés au dépôt des dénaturants, se conformer aux conditions particulières que l'Administration jugerait utiles, et spécialement prendre, à leurs frais, les dispositions nécessaires pour que le service puisse apposer des cadenas ou des plombs aux endroits qu'il indiquera.

Les employés peuvent fixer un scellé sur l'entrée des cadenas dont ils conserveront les clefs.

Les appareils et récipients reçoivent un numéro d'ordre qui est gravé ou peint sur chacun d'eux avec l'indication de sa contenance, en caractère d'au moins 5 centimètres de hauteur, par les soins et aux frais de l'industriel.

Il ne pourra être procédé à des opérations de dénaturation avec le bénéfice de la modération de taxe, que lorsque les installations ou les modifications auront été agréées par l'Administration des Contributions indirectes.

Art. 6. — Pour les établissements actuellement existants, le plan exigé par l'article 2 devra être fourni dans un délai de trois mois à dater de la mise en vigueur du présent règlement.

Les aménagements prescrits par les articles 4 et 5 devront être réalisés dans le même délai.

Art. 7. — Les distillateurs restent soumis, dans leurs ateliers de dénaturation, aux prescriptions des règlements sur les distilleries qui ne sont pas contraires à celles du présent règlement.

Sauf les dispositions particulières contenues dans les articles 4, 5 et 6 du présent règlement, les autres industriels, au point de vue de l'épalement des vaisseaux, du logement, du pesage et du mesurage des produits, de l'agencement des bacs, récipients et tuyaux adducteurs d'alcool, assujettis aux obligations des distillateurs de profession.

Art. 8. — Des décisions du ministre des Finances, rendues sur l'avis du Comité consultatif des arts et manufactures, déterminent les conditions que doivent remplir les alcools présentés à la dénaturation.

Art. 9. — Les dénaturateurs d'alcool doivent, au cours du dernier trimestre, de chaque année, faire une commande de dénaturants pour l'année suivante et indiquer les époques auxquelles les livraisons devront être effectuées.

Ils seront admis, au cours de l'année, à modifier la commande générale.

Le prix des dénaturants fournis par l'État est payable après chaque opération de dénaturation, en numéraire ou en obligations cautionnées, dans les conditions déterminées par la loi du 15 février 1875.

Dans chaque usine, un local parfaitement clos et aménagé, avec les bacs et tous les ustensiles nécessaires, est affecté gratuitement au dépôt des dénaturants. L'entretien des bacs et ustensiles est à la charge de l'industriel.

Art. 10. — Les fabricants de produits à base d'alcool qui désirent être admis à employer des formules spéciales de dénaturation, conformément au quatrième paragraphe de l'article 3 de la loi du 16 décembre 1897, font connaître dans la demande à produire en vertu de l'article 1er les indications supplémentaires suivantes :

1° Le mode d'emploi de l'alcool et les procédés proposés pour sa dénaturation ;

2° La quotité d'alcool nécessaire à la fabrication des produits.

Lorsque le procédé de dénaturation a déjà été autorisé pour cette industrie, l'Administration des Contributions indirectes statue sur la demande. S'il s'agit d'un procédé nouveau, le ministre détermine, sur l'avis du Comité consultatif des arts et manufactures, les conditions auxquelles la dénaturation devra être opérée.

Les substances dénaturantes, employées dans les procédés spéciaux de dénaturation, pour lesquelles des types ont été déterminés par le Comité consultatif des arts et manufactures, doivent être conformes à ces types. Elles sont vérifiées par l'Administration d'après les échantillons prélevés, à titre gratuit, par les agents.

Art. 11. — Chaque opération de dénaturation est précédée d'une déclaration

Dans les distilleries soumises à une surveillance permanente, cette déclaration est faite aux agents préposés à la surveillance de l'usine.

Pour les autres établissements, elle est faite à la recette buraliste désignée par les agents des Contributions indirectes, qui font connaître au déclarant le jour et l'heure auxquels ils peuvent assister aux opérations. Le délai dans lequel les agents devront se présenter est fixé à deux jours pour les localités où il existe un poste d'employés, et à quatre jours pour celles où il n'en existe pas.

Aucune dénaturation ne peut être faite hors la présence du service.

Art. 12. — Les déclarations de dénaturation que les industriels autorisés à dénaturer par des procédés spéciaux ont à faire en vertu de l'article précédent doivent mentionner pour chaque opération :

1° L'espèce, la quantité et le degré des spiritueux à dénaturer ;

2° L'espèce et la quantité des substances dénaturantes à employer ;

3° La nature des produits à fabriquer.

Art. 13. — La quantité minimum sur laquelle doit porter chaque opération de dénaturation par le procédé général est fixée à 20 hectolitres en volume.

Dans les industries qui comportent l'emploi de procédés spéciaux, la quantité minimum sur laquelle doit porter chaque opération de dénaturation est fixée à 10 hectolitres en volume.

Des fixations particulières pourront être autorisées par décrets rendus en Conseil d'État.

Art. 14. — Les distillateurs ne peuvent introduire des alcools dans les ateliers de dénaturation qu'au moment même où l'opération de dénaturation doit s'effectuer. Le transport de ces alcools de la distillerie aux ateliers de dénaturation a lieu en présence du service.

Art. 15. — Les dénaturateurs ne doivent conserver dans les locaux affectés à la dénaturation que de l'alcool destiné à être mélangé avec le substances dénaturantes ou de l'alcool dénaturé.

En outre, les dénaturateurs ne peuvent, sans une autorisation spéciale donnée à l'avance par le service des Contributions indirectes, faire ou laisser sortir des locaux affectés à la dénaturation des alcools, aucune quantité d'alcool non dénaturé.

Cette dernière obligation est également imposée aux dénaturateurs et fabricants de produits à base d'alcool dénaturé en ce qui concerne les alcools placés dans les locaux affectés à l'emmagasinement des alcools dénaturés.

Il est interdit aux uns et aux autres de détenir de l'alcool dénaturé en dehors des locaux déclarés.

Art. 16. — Les alcools reçus avant ou après dénaturation par les fabricants de produits à base d'alcool dénaturé et par les préparateurs d'alcools de chauffage, d'éclairage et d'éclaircissage, doivent être conservés dans les fûts d'origine jusqu'à la vérification du service.

Apres cette vérification, ils peuvent être transvasé sdans des bacs préalablement épalés et munis d'indicateurs gradués et disposés conformément aux prescriptions du deuxième paragraphe de l'article 5.

Art. 17. — Les préparateurs d'alcool de chauffage, d'éclairage et d'éclaircissage et les fabricants des produits à base d'alcool dénaturé peuvent recevoir des alcools simplement additionnés de la principale substance dénaturante, à charge de leur faire subir le complément de dénaturation aussitôt après la reconnaissance du service et en sa présence.

Art. 18. — Les alcools dénaturés reçus ou préparés par des fabricants de produits industriels doivent être employés dans leur établissement même ou être transformés sur place en produits achevés, industriels et marchands, reconnus tels à dire d'experts, en cas de contestation entre le fabricant et l'Administration.

En ce qui concerne les vernis, une décision du ministre rendue sur avis du Comité des arts et manufactures déterminera la proportion minimum de résine ou de gomme-résine qu'ils devront contenir pour être considérés comme produits achevés.

Les produits fabriqués doivent être exactement de l'espèce de ceux pour lesquels l'autorisation d'employer l'alcool avec modération de taxe a été accordée.

Art. 19. — Les quantités d'alcool dénaturé mises en œuvre qui n'auraient pas disparu ou qui ne seraient pas transformées au cours des manipulations peuvent être régénérées et utilisées à nouveau après avoir subi, s'il y a lieu, une nouvelle dénaturation, mais elles ne sont pas soumises à une nouvelle taxe.

A cet effet, les quantités recueillies sont mises à part et représentées aux employés des Contributions indirectes.

La régénération et, s'il y a lieu, la nouvelle dénaturation des quantités régénérées doivent être précédées de déclarations. Ces déclarations sont faites à la recette buraliste désignée par le service et dans les conditions déterminées par les articles 11 et 12 ci-dessus.

Art. 20. — Les dénaturateurs et fabricants de produits à base d'alcool dénaturé sont tenus de supporter, dans les conditions déterminées pour les distilleries par l'article 235 de la loi du 28 avril 1816, les visites et les vérifications des employés des Contributions indirectes dans leur établissement et dans ses dépendances. Ils doivent, dès qu'ils en sont requis, assister aux vérifications ou s'y faire représenter par un délégué, les faciliter, et fournir, à cet effet, la main-d'œuvre et les ustensiles nécessaires.

Ils doivent, en outre, par eux-mêmes ou par leurs délégués, déclarer exactement l'espèce et la quantité des produits restant en magasin, ainsi que la quantité d'alcool que ces produits représentent.

Ils sont aussi tenus de mettre gratuitement à la disposition du service, dans leurs ateliers, deux chaises et une table avec tiroir fermant à clef

Art. 21. — Chaque fois qu'il le juge convenable, le service des Contributions indirectes prélève gratuitement, dans les ateliers ou magasins, des échantillons sur les alcools mis en œuvre, sur les substances dont l'addition pourra être exigée à titre de complément de dénaturation, ainsi que sur les produits fabriqués ou en préparation. Il peut également prélever, lors de l'enlèvement et en cours de transport, des échantillons sur les produits expédiés.

Art. 22. — Il est tenu chez les dénaturateurs un compte d'alcools en nature et un compte d'alcools dénaturés.

Le compte des alcools en nature est chargé des quantités régulièrement introduites et déchargé des quantités soumises à la dénaturation.

Le compte des alcools dénaturés est chargé des alcools dénaturés successivement préparés ou reçus de l'extérieur et déchargé des quantités expédiées en vertu de titres de mouvement ou transformées sur place en produits industriels.

Tout excédent à l'un ou l'autre de ces comptes est saisissable.

Les manquants, après allocation de la déduction légale, sont passibles de la taxe générale de consommation et, s'il y a lieu, des droits locaux propres à l'alcool en nature, défalcation faite de la taxe de dénaturation si elle a été acquittée.

Chez les fabricants de produits à base d'alcool dénaturé qui ne sont pas dénaturateurs, le compte des alcools dénaturés est seul tenu.

Pour les produits qui ne retiennent pas l'alcool ou dans lesquels le service n'a pas le moyen de reconnaître sa présence, les quantités d'alcool réel à porter en décharge sont évaluées d'après une base de conversion convenue entre les fabricants et l'Administration des Contributions indirectes et, en cas de désaccord, arrêtée par le Ministre des finances, sur l'avis du Comité consultatif des Arts et Manufactures.

Art 23. — Les fabricants de produits à base d'alcool dénaturé doivent se munir à leurs frais, d'un registre conforme au modèle donné par l'Administration, sur lequel ils inscrivent sans aucun blanc ni aucune surchage :

1° Les quantités d'alcool dénaturé préparées sur place ou reçues de l'extérieur ;

2° Celles mises en œuvre ;

3° L'espèce et la quantité des produits fabriqués, ainsi que la proportion suivant laquelle l'alcool est entré dans la préparation de ces produits.

A la fin de chaque opération, ils inscrivent, s'il y a lieu, sur le même registre, les quantités d'alcool qui, n'ayant pas été absorbées par la fabrication, ont été recueillies et qui sont destinées à être régénérées.

Dans les industries où, au cours des manipulations, l'alcool disparait ou est transformé, les intéressés peuvent s'affranchir de la tenue de ce registre en s'engageant à supporter les frais d'une surveillance permanente pendant la durée de leurs fabrications.

Ces frais seront décomptés par l'Administration des Contributions indirectes à raison du nombre et de la durée des vacations et du traitement des agents affectés au contrôle des opérations.

Art. 24. — Les préparateurs d'alcools de chauffage, d'éclairage et d'éclaircissage doivent se pourvoir, à leurs frais, d'un registre conforme au modèle donné par l'Administration, sur lequel ils inscrivent, sans aucun blanc ni aucune surchage au moment même où ils procèdent aux opérations :

1° La quantité et le degré des spiritueux soumis sur place à la dénaturation ou à un complément de dénaturation, l'espèce des produits fabriqués, le volume des mélanges et la quantité d'alcool réel qu'ils représentent ;

2° Les quantités qu'ils livrent, ainsi que le nom et l'adresse du destinataire ;

3° Les quantités employées dans l'intérieur de l'établissement et la justification de cet emploi.

Art. 25. — Les personnes autorisées à dénaturer l'alcool peuvent réclamer le crédit des droits à charge de se pouvoir d'une licence de marchand en gros.

Dans ce cas, et si l'alcool dénaturé est employé sur place, l'impôt n'est dû qu'au moment de la mise en œuvre de l'alcool.

Les quantités d'alcool dénaturé correspondant, d'après les bases d'évaluation adoptées par le ministre, sur avis du Comité consultatif des arts et manufactures, aux quantités de produits achevés dont l'exportation est justifiée, sont portées en déduction de celles qui deviennent ultérieurement passibles de la taxe. Les produits doivent être exportés directement, en vertu d'acquits-à-caution garantissant, en cas de non-décharge, le double droit de dénaturation.

Si l'alcool dénaturé n'est pas employé sur place, les droits sont exigibles à l'enlèvement, à moins que l'expédition ne soit faite à un autre fabricant entrepositaire.

Art. 26. — Les industriels qui n'ont pas réclamé le crédit des droits doivent dénaturer les alcools dans un délai de dix jours à partir du moment où ils les ont reçus. Ils payent l'impôt au moment où se fait la dénaturation.

Les droits sur les alcools dénaturés introduits du dehors sont également acquittés dans un délai de dix jours à partir du moment où ces alcools sont parvenus dans l'établissement.

Art. 27. — Que le crédit de l'impôt soit ou non demandé, les intéressés sont tenus de présenter une caution solvable qui s'engage solidairement avec eux à payer les droits constatés à leur charge, ainsi que la valeur des dénaturants fournis par l'État.

Art. 28 — Les dénaturateurs ne peuvent livrer d'alcool dénaturé qu'aux personnes autorisées à en faire usage ou commerce et sur une demande extraite du registre à souche dont il sera question à l'article ci-après.

Ils remettent cette demande au service.

Si, après avoir été avisés que l'Administration a retiré à une personne l'autorisation de recevoir de l'alcool dénaturé, ils lui en fournissent, cet alcool est soumis au droit général de consommation, alors même qu'ils justifieraient d'une demande en règle.

Art. 29. — Les industriels qui désirent recevoir de l'extérieur des alcools dénaturés ont à se pourvoir, à leurs frais, d'un registre à souche, conforme au modèle donné par l'Administration, sur lequel ils établissent leurs demandes d'alcools dénaturés.

L'ampliation de chaque demande, visée par le chef de service local des Contributions indirectes, est transmise au dénaturateur qui doit effectuer la livraison.

Les alcools dénaturés leur sont expédiés sous le lien d'acquits-à-caution garantissant, en cas de non-décharge, le payement du double droit de consommation.

Art. 30. — Les alcools de chauffage, d'éclairage et d'éclaircissage expédiés aux marchands en gros sont admis à circuler sous la marque du fabricant ou du marchand en gros expéditeur.

Les envois faits aux débitants ne peuvent circuler qu'en bidons scellés du plomb du fabricant ou du marchand en gros ou en bouteilles revêtues de capsules estampées à leur nom.

La vente en détail s'effectue dans les bidons ou bouteilles d'origine. Le débitant doit les livrer intacts, sous le plomb ou l'estampille du fabricant ou du marchand en gros expéditeur.

Toutefois, les détaillants, autres que ceux qui vendent des boissons à consommer sur place, peuvent être autorisés par l'Administration, aux conditions qu'elle déterminera, à mettre en bidons ou bouteilles, sous leur marque particulière, les quantités qu'ils auront reçues en fûts ou autres récipients.

Titre II. — *De la vente de l'alcool dénaturé.*

Art. 31. — En dehors des livraisons faites par les dénaturateurs aux industriels autorisés à employer l'alcool dénaturé pour les besoins de leur industrie, il ne peut être fait commerce que des alcools dits de *chauffage* d'*éclairage* et d'*éclaircissage*.

Art. 32. — Tout personnage qui veut se livrer au commerce soit en gros, soit en détail des alcools de chauffage, d'éclairage et d'éclaircissage, adresse au directeur départemental des Contributions indirectes une demande présentant la désignation des locaux où elle se propose d'exercer ce commerce.

Il est interdit aux marchands en gros et aux débitants de détenir ces alcools en dehors des locaux déclarés.

Ils doivent, en tous lieux, justifier des entrées en magasin par la représentation d'acquits-à-caution.

Art. 33. — Toute communication intérieure entre les locaux affectés au commerce en gros ou en détail des alcools de chauffage, d'éclairage et d'éclaircissage, les bâtiments dans lesquels se trouvent des appareils de distillation ou de rectification ou ceux qui sont affectés à la fabrication ou au commerce en gros des boissons est interdite.

Art. 34. — Les marchands en gros ou en détail doivent se pourvoir, à leurs frais, d'un registre à souche conforme au modèle donné par l'Administration, sur lequels ils établissent leurs demandes d'alcool de chauffage, d'éclairage et d'éclaircissage.

L'ampliation de chaque demande, visée par le chef de service local des Contributions indirectes, est transmise au dénaturateur ou au marchand en gros qui doit effectuer la livraison.

Art. 35. — Les marchands en gros et au détail doivent inscrire leurs réceptions et livraisons, sans aucun blanc ni aucune surcharge, sur un registre spécial conforme au modèle donné par l'Administration, dont ils ont à se munir à leurs frais.

Les quantités maxima, en volume, d'alcool de chauffage, d'éclairage et d'éclaircissage que les marchands en gros et au détail peuvent recevoir, détenir ou livrer, sont fixées comme suit :

MARCHANDS EN GROS.

Réceptions. — 20 hectolitres par jour ;
Détention. — 10 hectolitres ;
Livraisons. — 250 litres par jour pour chaque destinataire

DÉTAILLANTS.

Réceptions — 250 litres par jour!
Détention. — 10 hectolitres ;
Livraisons. — 20 litres pour chaque acheteur.

L'Administration des Contributions indirectes pourra, sur justifications spéciales, autoriser des réceptions, approvisionnements et livraisons dépassant les quantités déterminées par le présent article.

Art 36. — Les marchands en gros d'alcools de chauffage, d'éclairage et d'éclaircissage sont assujettis à toutes les obligations des marchands en gros de boissons, y compris, s'ils réclament le crédit des droits, les dispositions relatives à la licence.

Les dispositions de l'article 28 du présent règlement leur sont applicables.

Les manquants qui ressortent à leur compte, après allocation de la déduction légale, sont soumis à la taxe de consommation et, s'il y a lieu, aux droits locaux propres à l'alcool non dénaturé, défalcation faite de la taxe de dénaturation, si elle a été acquittée.

Pour l'établissement des inventaires, les marchands en gros doivent, dès qu'ils en sont requis, mettre à la disposition de l'Administration des contributions indirectes les instruments de vérification et le personnel nécessaires.

Art. 37. — Les employés des Contributions indirectes sont autorisés à prélever, aux fins d'analyse, chez les marchands en gros et les débitants d'alcools de chauffage, d'éclairage et d'éclaircissage, les échantillons qu'ils jugent nécessaires.

Si les produits sont reconnus réunir les éléments prescrits, la valeur des échantillons est remboursée aux intéressés par l'Administration.

Des prélèvements peuvent être effectués, dans les mêmes conditions, sur les liquides mis en vente chez les débitants de boissons.

Titre III. — *Dispositions communes à la préparation et à la vente de l'alcool dénaturé.*

Les dénaturateurs et fabricants de produits à base d'alcool dénaturé entrepositaires auxquels l'autorisation de dénaturer l'alcool ou de faire emploi ou commerce d'alcool dénaturé est retirée par l'Administration doivent expédier leurs stocks à d'autres entrepositaires ou payer immédiatement les droits dont le crédit leur avait été accordé.

Ils sont tenus d'écouler, dans le délai qui leur est fixé par l'Administration, les quantités qu'ils ont libérées d'impôt

Cette dernière disposition est applicable aux produits existant chez les fabricants et négociants non entrepositaires, ainsi que chez les débitants.

Art. 39. — Les divers registres dont la tenue est prescrite par le présent règlement sont cotés et paraphés par le chef de service local des Contributions indirectes.

Ils doivent être arrêtés et représentés à toute réquisition du service par les industriels et commerçants qui en sont dépositaires.

En cas de cessation de la fabrication ou du commerce ou de retrait de l'autorisation par l'Administration, les registres de demande d'alcool dénaturé doivent être remis immédiatement au service.

Art. 40. — En vue de l'application de l'article 8 de la loi du 16 décembre 1897, les vaisseaux servant au transport des alcools dénaturés doivent porter, gravés ou peints en caractères d'au moins 3 centimètres de hauteur, les mots : « alcool dénaturé ». Ces mots sont également inscrits sur les étiquettes des bouteilles

Les alcools dénaturés ou les produits fabriqués avec ces alcools ne peuvent être soumis, en aucun lieu, à aucun coupage, à aucune décantation, ou rectification, ni à aucune autre opération ayant pour but de désinfecter ou de revivifier l'alcool.

Ils ne peuvent être ni abaissés de titre, ni additionnés de matières non prévues par les décisions du ministre des Finances.

Art 41. — Sont abrogées toutes les dispositions contraires au présent décret.

. . . .

Circulaire n° 290, du 15 juin 1898

Alcools dénaturés. — *Notification du règlement d'administration publique du 1er juin 1898.*

Par sa circulaire n° 252, du 17 décembre dernier, l'Administration a notifié au service les dispositions de la loi du 16 décembre, relatives au régime fiscal des alcools dénaturés, et elle lui a donné les instructions provisoires que comportait leur exécution en attendant la promulgation du règlement d'administration publique prévu par l'article 6 de la même loi.

Ce règlement a été rendu le 1er juin courant et inséré au *Journal officiel* du 4 juin. J'adresse ci-après le complément d'instructions nécessaires pour assurer son application, ainsi que celle des articles 1 à 4 de l'article 11 de la loi du 16 décembre 1897.

I. De la dénaturation de l'alcool et de l'emploi de l'alcool dénaturé aux usages industriels.

Établissements dans lesquels la dénaturation peut être effectuée. — Sous le régime du décret du 29 janvier 1881 les alcools destinés aux usages industriels ne pouvaient bénéficier de la modération de taxe qu'à la condition d'être dénaturés sur le lieu même de leur emploi.

L'article 2 de la loi du 16 décembre 1897 modifie cet état de choses. Il accorde le bénéfice de la taxe de dénaturation aux alcools dénaturés soit dans l'établissement même où ils ont été produits, soit dans tout autre établissement dont les installations auront été agréées par l'Administration. Les fabricants de produits à base d'alcool dénaturé pourront, dès lors, être admis à dénaturer eux-mêmes dans les locaux préalablement agréés les alcools qui leur sont nécessaires ou à se les faire expédier, après dénaturation, par des dénaturateurs.

Demande d'autorisation à former par les dénaturateurs d'alcool et par les fabricants de produits à base d'alcool dénaturé. — Aux termes de l'article 4 de la loi, les dénaturateurs doivent être pourvus d'une autorisation personnelle donnée par l'Administration.

Pour l'exécution de cette disposition, l'article 1er du règlement oblige les personnes qui se proposent de dénaturer des alcools à en demander l'autorisation au Directeur départemental des Contributions indirectes. Il impose également la même formalité à celles qui désireraient recevoir, pour les besoins de leur industrie, de l'alcool préalablement dénaturé.

Selon les prescriptions de la loi du 13 brumaire an VII, les demandes d'autorisation seront établies sur papier timbré.

Les fabricants de produits à base d'alcool dénaturé y indiqueront, d'une manière très précise, la nature, l'espèce, la qualité des produits qu'ils fabriquent et les usages auxquels ces produits sont destinés. Ils auront en outre à justifier de la possession d'une patente valable pour l'exercice de l'industrie aux besoins de laquelle l'alcool doit être employé. Ces dispositions figuraient déjà dans la législation antérieure. On continuera de se conformer, pour leur application, aux recommandations contenues dans la circulaire n° 314, du 30 avril 1881.

Les dénaturateurs seront tenus de joindre à leur demande un plan de leurs établissements dressé en double expédition et présentant les différentes indications prescrites par l'article 2 du règlement.

L'article 3 maintient la règle d'après laquelle, à Paris, les dénaturations doivent se faire dans les entrepôts réels.

Conditions que les installations des dénaturateurs doivent remplir pour être agréées. — Les articles 4 et 5 déterminent les conditions générales que les installations doivent remplir pour être agréées.

Ces conditions sont les suivantes :

Dans les distilleries, les locaux où s'opèrent les dénaturations, ainsi que les magasins où sont placés les alcools dénaturés et les produits fabriqués avec ces alcools, doivent être complètement séparés des locaux contenant les appareils de distillation ou de rectification et de ceux où se trouvent des alcools non dénaturés. Cette disposition a pour but de prévenir les substitutions, en évitant tout contact entre les alcools en nature et les alcools dénaturés : c'est dans ce sens qu'elle devra être entendue et appliquée.

Pour les établissements autres que les distilleries, les dispositions qui faisaient l'objet de l'article 3 du décret du 29 janvier 1881 sont maintenues. Comme par le passé, les ateliers de dénaturation et les magasins de dépôt des alcools dénaturés ou des produits fabriqués avec ces alcools ne pourront avoir de communication que par la voie publique avec les locaux où se trouvent des alcools dénaturés destinés à la vente en gros ou en détail et avec ceux contenant des alambics. Toutefois, lorsque la nature des fabrications exige absolument l'emploi d'appareils de distillation ou de rectification, l'Administration conserve la faculté d'autoriser aux conditions qu'elle déterminera (1), l'installation de ces appareils

1. La circulaire n° 314, du 30 avril 1881, a fait connaître que les appareils doivent alors être exclusivement affectés aux opérations en vue desquelles est accordée la

dans les locaux affectés à la dénaturation ou à l'emmagasinement des alcools dénaturés.

Dans tous les établissements, les cuves à dénaturer doivent être installées de telle sorte que le service puisse, pendant toute la durée des opérations, en examiner toutes les parties, intérieurement et extérieurement, et reconnaître la quantité exacte de liquide qu'elles contiennent. Les deux premiers paragraphes de l'article 5 édictent, dans ce but, diverses prescriptions dont il y aura lieu d'exiger le strict accomplissement.

Les appareils et récipients doivent recevoir un numéro d'ordre qui est gravé ou peint sur chacun d'eux, avec l'indication de sa contenance, en caractères d'au moins 5 centimètres de hauteur, par les soins et aux frais des industriels.

Enfin, dans chaque usine, il doit être mis à la disposition du service, pour le dépôt des dénaturants, un local parfaitement clos et aménagé, avec tous les bacs et ustensiles nécessaires.

Indépendamment de ces conditions générales, le règlement oblige les industriels à se conformer, pour l'agencement de leurs ateliers et magasins, ainsi que du local et des bacs affectés au dépôt des dénaturants, à toutes les conditions particulières que l'Administration jugerait utiles. Ils sont notamment tenus de prendre à leurs frais les mesures nécessaires pour que le service puisse apposer des cadenas ou des plombs aux endroits qu'il indiquera.

Avant de statuer sur les demandes qui leur seront adressées, les directeurs chargeront un inspecteur de visiter les établissements. Cet employé supérieur rendra compte du résultat de sa visite par un rapport spécial, dans lequel il fera connaître si les installations remplissent les conditions réglementaires, à quelles garanties doit être subordonnée, s'il y a lieu, l'existence d'appareils de distillation ou de rectification dans les ateliers de dénaturation ou dans les magasins de dépôt des alcools dénaturés, et quels aménagements particuliers il conviendrait de réclamer pour faciliter le service ou prévenir les abus. Au vu de ce rapport et du plan fourni par l'industriel, le directeur statue définitivement, après avoir fait opérer les changements qu'il aura jugés nécessaires.

Toute modification ultérieure doit être déclarée à l'avance et entraîne la production d'un plan rectificatif. Le directeur départemental fait examiner et décide, dans les mêmes conditions, s'il y a lieu de l'accepter.

Il ne peut être procédé à des opérations de dénaturation, avec le bénéfice de la modération de taxe, que lorsque l'installation ou la modifica-

modération de taxe et que, dans aucun cas, sous aucun prétexte, les locaux réservés à la dénaturation et les magasins d'alcools dénaturés ne peuvent communiquer intérieurement avec des distilleries d'alcools ou des ateliers de fabrication de liqueurs.

tion a été régulièrement agréée. Dans ce cas, une des expéditions du plan est renvoyée au chef local qui veille à ce qu'il ne soit fait aucun changement sans autorisation préalable.

En ce qui concerne les établissements actuellement existants, l'article 6 donne aux industriels un délai de trois mois pour fournir le plan de leurs usines et y réaliser les aménagements prescrits. Il ne sera pas nécessaire d'astreindre les dénaturateurs déjà pourvus de l'autorisation de l'Administration à former une nouvelle demande. Mais le service devra les inviter à prendre le plus tôt possible des mesures pour mettre les installations en harmonie avec les dispositions du nouveau règlement et produire le plan des établissements dans le délai qui leur est accordé. Chez ceux qui n'auraient pas terminé les travaux d'agencement le 15 septembre prochain, il ne pourrait plus être procédé à aucune opération de dénaturation jusqu'à leur complet achèvement. Les chefs divisionnaires devront y tenir la main.

Relevé annuel des autorisations accordées à des dénaturateurs ou à des fabricants de produits à base d'alcool dénaturé. — Du 15 au 20 janvier de chaque année, les directeurs enverront à l'Administration, sous le timbre de la 2e division, 1er bureau, un relevé manuscrit, conforme au modèle annexé à la présente circulaire, des autorisations nouvelles qu'ils auront accordées pendant l'année précédente à des dénaturateurs d'alcool ou à des fabricants de produits à base d'alcool dénaturé. Ils lui transmettront, avant le 15 juillet prochain, sur un état dressé d'après ce modèle, la liste des établissements actuellement autorisés.

Obligations générales des dénaturateurs. — Sauf les mesures spéciales qu'il était indispensable d'adopter pour garantir l'efficacité des dénaturations et prévenir les revivifications, il y avait intérêt à maintenir l'unité de régime dans toutes les dépendances des distilleries. L'article 7 du règlement stipule que les distillateurs restent soumis, dans leurs ateliers de dénaturation, aux prescriptions des règlements sur les distilleries qui ne sont pas contraires à ses dispositions.

Quant aux autres dénaturateurs, ils sont, au point de vue de l'épalement des vaisseaux, du logement, du pesage et du mesurage des produits, de l'agencement des bacs, récipients et tuyaux adducteurs d'alcool, assujettis, d'une manière générale, aux obligations des distillateurs de profession, sous la réserve des modifications résultant des articles 4, 5 et 6. Ils devront, en particulier, fournir les ouvriers et les ustensiles nécessaires tant pour le jaugeage des vaisseaux et récipients que pour le pesage et le mesurage des produits de toute nature lors des exercices, des recensements, des inventaires et de la vérification des chargements, au départ ou à l'arrivée ; peindre en rouge, à l'exclusion de tous autres, les tuyaux dans lesquels circule l'alcool et les agencer de manière qu'on en puisse suivre de l'œil tout le parcours ; peindre ou marquer au feu ou à la rouanne sur chaque tonneau ou futaille destiné au transport de l'alcool, sa capacité, sa tare et son poids brut, indications qui seront reproduites sur le titre de mouvement.

Apposition de cadenas et de plombs chez les dénaturateurs.—Le service pourra en outre tenir fermés par un cadenas ou par un plomb, durant les opérations de dénaturation, les robinets de décharge des cuves à dénaturer et tous les points par lesquels il serait à craindre qu'on n'opérât des détournements. Le règlement lui donne la faculté d'apposer sur l'entrée des cadenas, dont il conservera les clefs, un scellé qu'il pourra seul lever. C'est une disposition analogue à celle qui est actuellement en vigueur dans les distilleries pour la fermeture des robinets de décharge des appareils. Elle sera appliquée dans les mêmes conditions. On fera usage, à cet effet, des cadenas à bulletin de contrôle dont le fonctionnement a été décrit par la circulaire n° 279, du 22 septembre 1879. On se servira désormais de cadenas du même modèle pour la fermeture des locaux affectés au dépôt des dénaturants.

Les directeurs feront connaître à l'Administration, sous le timbre du 3ᵉ bureau de la 2ᵉ division, le nombre de cadenas qui seront nécessaires, en ayant soin de désigner spécialement les établissements qu'il y aurait lieu d'en munir les premiers Jusqu'à la livraison, on continuera d'utiliser les cadenas ordinaires dont la circulaire n° 337, du 23 juin 1882, avait prescrit l'emploi chez les dénaturateurs d'alcool.

Fixation des procédés de dénaturation et du type de l'alcool admis à la dénaturation. — La loi du 2 août 1872 avait chargé le Comité consultatif des arts et manufactures de déterminer pour chaque industrie les conditions dans lesquelles la dénaturation des alcools devrait être opérée.

La nouvelle loi transfère au ministre des Finances le pouvoir de fixer le procédé général de dénaturation. C'est également le ministre qui déterminera les formules spéciales de dénaturation applicables dans les industries qui ne permettent pas l'emploi de la formule générale ; mais, dans ce cas, ses décisions seront prises sur l'avis du Comité consultatif des arts et manufactures. Il en sera de même, d'après l'article 8 du règlement, pour la fixation des conditions que doivent remplir les alcools présentés à la dénaturation.

Les fabricants de produits à base d'alcool qui considèrent l'emploi de l'alcool dénaturé par la formule générale comme incompatible avec la nature de leur industrie ont à proposer eux-mêmes les formules spéciales qu'ils désirent être admis à employer. Leurs demandes doivent fournir à cet égard les diverses indications prescrites par l'article 10. Lorsque le procédé de dénaturation aura déjà été autorisé pour l'industrie exercée par le fabricant, le Directeur départemental instruira la demande et statuera. Lorsqu'il s'agira d'un procédé nouveau, il la transmettra, après instruction, à l'Administration, avec le plan de l'établissement et tous les éléments d'appréciation qu'il aura pu recueillir, pour qu'elle soit soumise au ministre.

Jusqu'à ordre contraire, on continuera d'appliquer les décisions rendues par le Comité consultatif des arts et manufactures, en vertu de la loi du 2 août 1872, tant pour ce qui concerne le procédé général et les formules spéciales de dénaturation que relativement au type des alcools à dénaturer.

Fourniture des dénaturants. — La loi du 16 décembre 1897 attribue à l'Etat la fourniture des dénaturants. Toutefois, les industriels autorisés à faire usage de formules spéciales de dénaturation pourront être dispensés de l'obligation de se servir des dénaturants fournis par l'Etat.

Des instructions seront données ultérieurement pour l'exécution de ces dispositions, ainsi que pour l'application des prescriptions du règlement (art. 9 et dernier paragraphe de l'article 10) qui s'y rapportent.

Déclarations de dénaturation. — Chaque opération de dénaturation doit être précédée d'une déclaration. Le nouveau règlement (articles 11 et 12) reproduit à ce sujet les dispositions du décret du 29 janvier 1881, sauf que :

1° Dans les distilleries soumises à une surveillance permanente, la déclaration sera faite non à la recette buraliste, mais aux agents préposés à la surveillance de l'usine ;

2° Pour les autres établissements, le délai dans lequel le service devra se présenter est fixé différemment, non plus suivant que les établissements sont situés dans les villes ou dans les campagnes, mais suivant qu'il existe dans la localité un poste d'agents ou qu'il n'en existe pas.

De même que sous le régime antérieur, aucune dénaturation ne pourra être faite hors la présence du service.

Les déclarations continueront d'être inscrites au registre n° 20 C. Dans les distilleries où elles seront reçues par les employés en permanence, le bulletin d'avis imprimé sur le volant du registre sera annulé.

Au point de vue de l'entente à établir avec les dénaturateurs pour la fixation du jour et de l'heure de l'opération, les chefs locaux se conformeront aux recommandations contenues dans la circulaire n° 314, du 30 avril 1881.

Quantités minima d'alcool à dénaturer à chaque opération. — Il importe, dans l'intérêt de la surveillance et de l'exécution générale du service, que les employés ne soient pas détournés à chaque instant et sans nécessité réelle de leurs autres occupations. La loi exige que la quantité d'alcool dénaturée à chaque opération ne soit pas inférieure à un minimum déterminé. L'article 13 du règlement fixe ce minimum à 20 hectolitres en volume pour les dénaturations par le procédé général. Dans les industries qui comportent l'emploi de procédés spéciaux, il ne sera que de 10 hectolitres en volume. Des fixations particulières pourront en outre être autorisées par décrets rendus en Conseil d'Etat. Si des industriels venaient à réclamer le bénéfice de cette dernière disposition, les directeurs transmettraient leur demande à l'Administration, en formulant leurs observations et leur avis.

Transport des alcools destinés à être dénaturés. — D'après l'article 14, les distillateurs ne peuvent introduire des alcools dans les ateliers de dénaturation qu'au moment même où l'opération de dénaturation doit s'effectuer.

Le transport de ces alcools de la distillerie aux ateliers de dénaturation s'accomplira en présence du service. Il ne donnera pas lieu à la délivrance d'une expédition. Les quantités transférées seront portées en décharge dans les comptes de la distillerie en vertu de la prise en charge effectuée au compte des alcools dénaturés; il suffira d'inscrire en regard la mention suivante : *Opération de dénaturation du... Déclaration n°...*

Quant aux alcools destinés à être dénaturés dans les autres établissements, ils ne peuvent, aux termes de l'article 2 de la loi, y être expédiés que sous le plomb de la Régie, quelle que soit l'importance des chargements. Les expéditeurs seront dès lors tenus de spécifier dans leur déclaration d'expédition que le destinataire est dénaturateur et cette indication devra être reproduite sur l'acquit-à-caution.

Dans les distilleries soumises à une surveillance permanente le service pourra chaque jour satisfaire aux demandes de plombage. Partout ailleurs, il appartiendra aux expéditeurs de s'entendre avec le chef de service local pour l'accomplissement de cette formalité.

Le service ne procédera au plombage qu'après une vérification minutieuse des chargements. Sa responsabilité pourrait être engagée si des différences en plus ou en moins étaient constatées à destination sur des fûts ou des récipients dont le scellement aurait été reconnu intact.

L'apposition du plomb sera relatée sur le titre de mouvement par une mention spéciale indiquant le numéro de la pince. En cours de transport, l'existence de plombs intacts pourra dispenser le service de ses vérifications habituelles. A moins d'accident dûment justifié, la rupture du scellement constituerait une contravention à la loi du 16 décembre 1897 ; cette contravention serait relevée par procès-verbal, sans préjudice des suites à donner aux différences que présenterait le chargement.

Jusqu'ici le plombage n'a été prévu que pour les alcools transportés dans des fûts ou récipients en fer et il est à désirer que les expéditeurs des alcools destinés aux dénaturateurs adoptent exclusivement ce mode de logement. Au cas où ils voudraient effectuer les envois dans des fûts en bois, ils auraient à faire connaître les dispositions qu'ils comptent prendre pour en permettre le plombage, et les directeurs transmettraient leur demande à l'Administration, qui statuerait.

Il est bien entendu que, si l'expédition était faite par wagons complets, le plombage des wagons dispenserait de celui des fûts.

Le prix des plombs sera remboursé par les expéditeurs à raison de 0 fr. 10 l'un. La comptabilité en sera suivie d'après les règles tracées par la circulaire n° 288, du 17 août 1843.

Introduction et emmagasinement des alcools chez les dénaturateurs et chez les fabricants de produits à base d'alcool dénaturé. — Les articles 15, 16 et 17 contiennent un ensemble de dispositions relatives à l'introduction et à l'emmagasinement des alcools chez les dénaturateurs et chez les fabricants de produits à base d'alcool dénaturé.

Les alcools en nature reçus par les dénaturateurs doivent rester sous plomb jusqu'à ce qu'ils aient été reconnus par le service. De même, les alcools dénaturés introduits chez les fabricants de produits à base d'alcool dénaturé et chez les préparateurs d'alcools de chauffage, d'éclairage et d'éclaircissage doivent, jusqu'à la vérification, être conservés dans les fûts d'origine. La prescription de la circulaire n° 43, du 3 mars 1872, qui permet aux marchands en gros de disposer des spiritueux de nouvelle venue vingt-quatre ou soixante-douze heures après la déclaration d'arrivée, suivant qu'il existe ou non un poste d'agents dans la localité, ne leur est pas applicable. Les employés seront donc toujours à même de s'assurer de l'intégrité des chargements. Mais, pour ne pas entraver les opérations des industriels, ils devront, lorsqu'ils auront eu connaissance de l'arrivée d'un envoi, intervenir le plus promptement possible.

Après la vérification, les alcools pourront être, soit laissés dans les mêmes récipients, soit transvasés dans des bacs préalablement épalés et munis d'indicateurs à niveau agencés de la même façon que ceux des cuves à dénaturer.

Les préparateurs d'alcools de chauffage, d'éclairage et d'éclaircissage et les fabricants de produits à base d'alcool dénaturé auront la faculté de se faire expédier des alcools simplement additionnés de la principale substance dénaturante (actuellement le méthylène), à charge de leur faire subir le complément de dénaturation, aussitôt après la reconnaissance du service et en sa présence.

Ces alcools ne pourront, bien entendu, être fournis que par des dénaturateurs et l'addition de la principale substance dénaturante devra être déclarée, effectuée et constatée suivant les règles prescrites pour les dénaturations ordinaires. Dans sa déclaration d'enlèvement, l'expéditeur sera tenu d'indiquer la nature de la substance ajoutée ainsi que la proportion du mélange. L'acquit-à-caution délivré pour accompagner l'envoi reproduira ces indications. Il ne sera déchargé au lieu de destination que lorsque la dénaturation aura été complétée au moyen de l'addition des autres substances que peut comporter d'après les décisions ministérielles, la nature de l'industrie exercée par le destinataire. Soit, par exemple, un envoi d'alcool additionné de 10 p. 100 de méthylène fait à un préparateur 'd'alcool d'éclaircissage. Le destinaire devra y ajouter, en présence du service, 4 p. 100 au moins de résine ou de gomme-résine pour compléter la dénaturation suivant la formule prescrite pour son industrie par décision du 13 juin 1894. Mais il va sans dire que, si l'expédition est effectuée à un fabricant de vernis ou de savon transparent admis à faire usage d'alcool simplement additionné de méthylène, cet industriel ne saurait être tenu d'y mélanger d'autres substances dénaturantes.

Toutes les fois qu'il y aura lieu à un complément de dénaturation chez le destinataire, l'accomplissement de cette opération sera constaté, en marge de l'acquit-à-caution, par une mention qui sera signée des employés et qui relatera l'espèce et la quantité des substances dénaturantes ajoutées.

Dans ces conditions, les fabricants de produits à base d'alcool ainsi que les préparateurs d'alcools de chauffage, d'éclairage et d'éclaircissage ne pourront avoir en charges que des alcools en nature et des alcools dénaturés selon les formules applicables à leur industrie.

Le règlement n'autorise les dénaturateurs à conserver dans les locaux affectés à la dénaturation que de l'alcool destiné à être mélangé avec les substances dénaturantes ou de l'alcool dénaturé. Il interdit en outre, à ces industriels, ainsi qu'aux fabricants de produits à base d'alcool dénaturé de détenir de l'alcool dénaturé en dehors des locaux déclarés; toute quantité trouvée dans les autres locaux dont ils sont la jouissance serait saisissable.

Emploi des alcools. — Prélèvements d'échantillons. — Exercices. — Rien n'est changé aux dispositions concernant :

1° L'interdiction faite aux industriels de faire ou laisser sortir des locaux affectés à la dénaturation ou à l'emmagasinement des alcools dénaturés, sans une autorisation spéciale du service des Contributions indirectes, aucune quantité d'alcool non dénaturé (article 15, § 2 et 3).

2° L'obligation imposée aux fabricants de produits à base d'alcool d'employer l'alcool dénaturé, reçu ou préparé par eux, dans leur établissement même, à la fabrication des produits pour lesquels l'autorisation leur a été accordée et de n'expédier ces produits qu'à l'état achevé et marchand (article 18, § 1 et 3);

3° L'assujettissement des industriels aux visites et vérifications du service des Contributions indirectes dans leur établissement et ses dépendances, avec cette différence toutefois que le nouveau règlement exige qu'ils assistent aux vérifications ou s'y fassent représenter *dès qu'ils en sont requis* (article 20, § 1er) ;

4° L'obligation qui leur est faite de fournir, lors des vérifications, la main-d'œuvre et les ustensiles nécessaires et de déclarer exactement, par eux-mêmes ou par leurs délégués, l'espèce et la quantité des produits restant en magasin, ainsi que la quantité d'alcool qu'ils représentent (article 20, § 1 et 2) ;

5° La faculté accordée au service de prélever des échantillons tant sur les alcools mis en œuvre et, s'il y a lieu, sur les substances dénaturantes, que sur les produits fabriqués ou en préparation et sur les produits expédiés (article 21).

Conformément à l'article 11 de la loi du 16 avril 1895, le règlement stipule que les échantillons seront livrés gratuitement par les industriels. On ne perdra pas de vue que les dénaturateurs doivent en outre, en exécution de la même loi, payer, pour frais d'analyse et de surveillance, une redevance de 0 fr. 80 par hectolitre d'alcool pur soumis à la dénaturation. En ce qui concerne les alcools simplement additionnés de la principale substance dénaturante, destinés à être expédiés, en vertu de l'article 17 du règlement, à des préparateurs d'alcools de chauffage, d'éclairage et d'éclaircissage ou à des fabricants de produits à base d'alcool dénaturé, les échantillons de contrôle seront prélevés au moment de l'addition de cette substance et la redevance sera due par le dénaturateur qui l'aura effectuée.

Pour l'application de ces diverses dispositions, le service se référera aux instructions antérieures et notamment à celles données dans les circulaires n°s 314, du 30 avril 1881, et 116, du 27 avril 1895.

L'article 18 du règlement édite une mesure nouvelle : il charge le ministre de déterminer, sur avis du Comité consultatif des arts et manufactures, la proportion minimum de résine ou de gomme-résine que les vernis doivent contenir pour être considérés comme produits achevés. Cette mesure a pour objet de prévenir les fraudes auxquelles les vernis peuvent se prêter lorsqu'ils ne renferment qu'une quantité de résine insuffisante. La décision du ministre sera portée à la connaissance du service dès qu'elle aura été rendue.

L'article 19 a trait aux industries dans lesquelles l'alcool dénaturé est employé comme agent de fabrication et peut être en partie récupéré. Il admet que les quantités qui n'ont pas disparu ou ne sont pas transformées au cours des manipulations soient régénérées et utilisées à nouveau après avoir subi, s'il y a lieu, une nouvelle dénaturation, mais sans avoir à supporter une nouvelle taxe.

Les fabricants auront ainsi le moyen de tirer tout le parti possible de leur matière première, ce qui réduira leurs déchets. Quand ils voudront user de cette faculté, ils devront en prévenir le chef de service local et mettre à part, pour les représenter aux employés, les quantités d'alcool qu'ils auront recueillies. Ils ne pourront procéder à leur régénération qu'après une déclaration faite dans les conditions définies par l'article 11 du règlement.

Cette déclaration sera inscrite au registre n° 1 (distilleries), dont les indications relatives à la date du commencement des opérations seront laissées en blanc. Elle énoncera la durée probable du travail, la nature des matières qui seront mises en distillation ou en rectification, leur volume, leur rendement prévu en alcool par hectolitre et les numéros des appareils à distiller ou à rectifier dont il sera fait usage Sur l'avis qui lui sera donné par le receveur-buraliste au moyen d'un bulletin n° 6 A, le service fixera, dans la limite du délai prévu à l'article 11, le jour et l'heure auxquels le travail pourra être commencé ; il en informera aussitôt l'industriel et aura soin d'intervenir au moment fixé. S'il ne Peut rester en permanence dans l'usine pendant toute la durée du travail, il devra tout au moins assister au chargement des appareils et contrôler la déclaration de rendement, afin de prévenir les abus auxquels pourraient donner lieu des déclarations inexactes.

A la fin de l'opération, le résultat en sera inscrit par l'industriel sur le registre de fabrication dont il sera question ci-après. Si les quantités d'alcool régénérées doivent subir une nouvelle dénaturation, il y sera procédé dans les formes prescrites par les articles 11 et 12 du règlement.

L'Administration se réserve de décider, sur la proposition des Directeurs et d'après les échantillons qui lui seront adressés pour être soumis à l'analyse du laboratoire, si, en raison des impuretés que contiendraient les alcools régénérés, la dispense de nouvelle dénaturation peut être accordée.

Le dernier paragraphe de l'article 20 oblige les dénaturateurs et les fabricants de produits à base d'alcool dénaturé à mettre gratuitement à la disposition du service, dans leurs ateliers, deux chaises et une table avec tiroir fermant à clef.

Tenue des comptes. — Le bénéfice de la taxe de dénaturation ne peut être définitivement acquis aux alcools dénaturés que lorsqu'ils reçoivent la destination en vue de laquelle la modération d'impôt est concédée Jusque-là les détenteurs, qu'ils soient ou non entrepositaires, jouissent d'un véritable crédit de droits. Les dénaturateurs et les fabricants de produits à base d'alcool dénaturé sont en conséquence astreints à des justifications d'emploi ou d'enlèvements réguliers et, lorsque ces justifications ne sont pas fournies, les manquants qui ressortent à leurs comptes doivent être frappés des taxes générales et locales applicables à l'alcool en nature.

Quel que soit le régime sous lequel les dénaturateurs se placent pour le payement de l'impôt, leurs opérations sont suivies au moyen de deux comptes : un compte d'alcools en nature et un compte d'alcools dénaturés. Chez les fabricants de produits à base d'alcool dénaturé non dénaturateurs, le compte des alcools dénaturés sera toujours tenu. Les manquants constatés à ce compte ne seront soumis aux droits de l'alcool en nature que sous déduction de la taxe de dénaturation si elle a été acquittée.

Enfin il a paru qu'avec le nouveau tarif de 3 francs par hectolitre il n'y aurait pas, pour les fabricants de produits à base d'alcool dénaturé, un sérieux intérêt à conserver le crédit de l'impôt jusqu'à l'enlèvement des produits fabriqués et qu'il leur suffirait de pouvoir l'obtenir jusqu'au moment de l'emploi de l'alcool dans la fabrication : c'est à ce moment que les quantités employées seront portées en décharge à leur compte, ce qui entraînera l'exigibilité des droits, s'ils n'ont pas été précédemment acquittés.

Dans les usines qui utilisent l'alcool dénaturé comme agent de fabrication, il sera ouvert, s'il y a lieu, un compte des quantités qui n'auront pas été absorbées au cours des manipulations et qui seront destinées à être ultérieurement régénérées.

Ce compte sera chargé des quantités recueillies à la suite de chaque fabrication et déchargé des quantités soumises à la régénération.

Les quantités d'alcool régénérées seront reprises en charge soit au compte des alcools en nature, soit au compte des alcools dénaturés, selon qu'elles devront ou ne devront pas subir une nouvelle dénaturation. Si l'industriel ne détient que des produits libérés d'impôt, les écritures se trouveront ainsi régularisées. S'il jouit du crédit des droits, les quantités mises en œuvre ne seront imposées que sous déduction de celles qui auront été reprises en charge après régénération.

Il est à prévoir que les opérations de régénération occasionneront des déperditions d'alcool. Le cas échéant, il pourrait en être accordé décharge dans les formes et suivant les règles de compétence adoptées pour les déchets de rectification des distillateurs.

Sauf les modifications résultant des dispositions qui précèdent, les comptes seront établis et liquidés dans les conditions anciennes.

Il est bien entendu que les distillateurs, qui ne sont admis à introduire des alcools dans leurs ateliers de dénaturation qu'au moment même où l'opération de dénaturation doit s'effectuer, ne pourront avoir, en qualité de dénaturateurs, que le seul compte des alcools dénaturés.

Chez les fabricants de produits à base d'alcool dénaturé, les produits fabriqués sont désormais laissés en dehors des comptes. Le service n'en conservera pas moins le droit de les inventorier, et les industriels auront alors à lui déclarer l'espèce et la quantité des produits restant en magasin, ainsi que la quantité d'alcool que ces produits représentent. Il usera de ce droit de temps à autre, pour contrôler les opérations des fabricants de produits qui, comme les vernis, retiennent l'alcool, et ne manquera pas de le mettre à profit toutes les fois que leurs agissements ne lui paraîtront pas réguliers.

La circulaire n° 314, précitée, avait spécifié que, en cas de désaccord entre l'Administration et les industriels relativement aux quantités d'alcool qu'il y aurait lieu de porter en décharge pour les produits qui ne retiennent pas l'alcool ou dans lesquels le service n'a pas le moyen de reconnaître sa présence, le différend serait soumis à des experts. A l'avenir, suivant le dernier paragraphe de l'article 22 du règlement, ces contestations seront tranchées par le Ministre, sur avis du Comité consultatif des arts et manufactures.

Registre de fabrication à tenir par les fabricants de produits à base d'alcool dénaturé. — L'article 23 maintient, pour les fabricants de produits à base d'alcool, l'obligation que leur imposait l'article 5 du décret du 29 janvier 1881, d'inscrire leurs opérations sur un registre spécial.

Ils mentionneront, s'il y a lieu, sur le même registre :

1° A la fin de chaque fabrication, la quantité d'alcool qui, n'ayant pas été absorbée, aura pu être recueillie et qui sera ultérieurement régénérée ;

2° A la fin de chaque opération de régénération, la quantité d'alcool régénérée.

La mesure comporte toutefois une exception.

Dans les industries où, au cours des manipulations, l'alcool disparaît ou est transformé, les intéressés pourront s'affranchir de la tenue du registre de fabrication en s'engageant à supporter les frais d'une surveillance permanente pendant la durée des opérations. Ces frais seront décomptés par l'Administration à raison du nombre et de la durée des vacations et du traitement des agents affectés au contrôle des opérations.

Pour la souscription de l'engagement et pour la liquidation des frais de surveillance, on se conformera aux dispositions de la circulaire n° 273, du 14 avril dernier, relatives à la redevance exigée des fabricants de vermout.

Registre de fabrication et de vente à tenir par les préparateurs d'alcools de chauffage, d'éclairage et d'éclaircissage. — Ces industriels restent, comme sous le précédent régime, astreints à inscrire leurs opérations sur un registre spécial (article 24 du règlement).

Licences. — Aux termes de l'article 25, les personnes autorisées à dénaturer l'alcool peuvent réclamer le crédit des droits à charge de se pourvoir d'une licence de marchand en gros.

Tout dénaturateur devra donc justifier de la possession d'une licence s'il désire obtenir le crédit de l'impôt soit sur les alcools en nature, soit sur les alcools dénaturés. Mais, ainsi que l'a spécifié la circulaire n° 314, de 1881, les industriels munis d'une licence comme marchands en gros n'ont pas à payer une seconde licence en qualité de dénaturateurs. Les distillateurs et les rectificateurs n'ont de même à payer que la seule licence de distillateur, lorsqu'ils dénaturent seulement des alcools provenant de leurs fabrications ; ils ne seraient tenus de se munir à la fois de la licence de distillateur et de la licence de marchand en gros que s'ils faisaient porter directement les opérations de dénaturation sur des alcools tirés du dehors et s'ils réclamaient le crédit de l'impôt, soit pour ces alcools eux-mêmes, soit pour les produits des dénaturations.

Payements des droits. — Les industriels qui ne réclament pas le crédit des droits sont tenus, suivant l'article 26, de dénaturer les alcools dans un délai de dix jours à partir du moment où ils les ont reçus, et d'acquitter l'impôt immédiatement après la dénaturation. C'est le maintien de la règle qui avait été établie par le décret du 29 janvier 1881.

Le nouveau règlement stipule en outre que les droits sur les alcools dénaturés introduits chez les industriels (dénaturateurs et fabricants de produits à base d'alcool dénaturé) qui ne demandent pas le crédit de la taxe doivent être acquittés dans le même délai.

Les acquits-à-caution ne seront déchargés qu'après dénaturation des alcools s'il s'agit d'alcools en nature, et payement des droits. La perception sera inscrite à un registre n° 9 spécial.

La circulaire n° 314, de 1881, a prévu le cas où la dénaturation ne serait pas effectuée dans le délai réglementaire. Ses dispositions à cet égard demeurent applicables.

Pour les industriels qui jouissent du crédit des droits, le règlement établit une distinction selon que, dans leur industrie, l'alcool dénaturé est ou n'est pas employé sur place.

S'il est employé sur place, la taxe de dénaturation est due au moment de la mise en œuvre.

S'il n'est pas employé sur place (envois d'alcool dénaturé à des fabricants de produits à base d'alcool ; envois d'alcools de chauffage, d'éclairage ou d'éclaircissage à des marchands en gros ou à des débitants), la taxe de dénaturation est exigible à l'enlèvement, à moins que le destinataire ne jouisse lui-même du crédit de cette taxe.

Dans le premier cas, les droits seront constatés mensuellement au portatif 50 A sur les quantités employées à la fabrication, défalcation faite :

1° Des quantités d'alcool régénéré qui auront été reprises en charge pendant le mois ;

2° Des quantités d'alcool afférentes aux produits dont l'exportation aura été justifiée.

A la fin du trimestre, le montant des décomptes sera porté à l'état de produit 51 D.

Dans le second cas, c'est-à-dire si l'alcool n'est pas employé sur place, la perception des droits sur les quantités expédiées à des non-entrepositaires sera faite à un registre n° 4 B spécial. Si, d'après les règles qui seront tracées dans la présente circulaire, l'envoi doit, en raison de la quantité expédiée, être effectué avec un acquit-à-caution, l'ampliation du registre n° 4 B sera annulée ; la quittance seule sera délivrée et on mentionnera sur le titre de mouvement que les produits sont libérés du droit de dénaturation.

Exportation. — Les dénaturateurs qui expédient à l'étranger des alcools dénaturés doivent, s'ils désirent bénéficier de la franchise, se placer sous le régime de l'entrepôt. Leur envois auront lieu sous le lien d'acquits-à-caution garantissant, en cas de non-décharge, le double droit de consommation.

Pour les produits à base d'alcool dénaturé, il sera tenu compte aux fabricants exportateurs des droits payés au moment de la mise en œuvre de l'alcool. A cet effet, on se conformera aux dispositions suivantes.

La remise d'impôt n'est accordée que pour les produits achevés qui seront expédiés par le fabricant lui-même, directement de la fabrique à l'étranger. Ces expéditions nécessiteront la délivrance d'acquits-à-caution garantissant, en cas de non-décharge, le double droit de dénaturation. Les quantités d'alcool dénaturé correspondant aux produits dont l'exportation aura été justifiée seront admises, au compte de l'exportateur, en déduction de celles qui deviendront passibles de la taxe.

Les acquits-à-caution pour l'exportation des produits à base d'alcool dénaturé seront détachés d'un registre n° 2 B spécial et figureront sur un état n° 7 B distinct. Chaque mois, le directeur ou le sous-directeur transmettra aux chefs de service préposés à l'exercice des fabriques un relevé, certifié et signé par lui, des acquits-à-caution qui seront rentrés régulièrement déchargés. Les quantités d'alcool énoncées à ce relevé seront déduites, dans le décompte mensuel, de celles à soumettre aux droits.

Les relevés d'exportation, dûment annotés par les chefs locaux des folios du portatif où ils auront été dépouillés, devront être classés et conservés avec soin. Au cours de leurs tournées, les inspecteurs se les feront représenter et s'assureront de l'exactitude des décharges auxquelles ils auront donné lieu au profit des exportateurs. Ils seront joints, en fin de trimestre aux portatifs versés à la direction ou à la sous-direction, les commis de bureaux chargés de la vérification des portatifs auront à les rapprocher des comptes.

Le règlement a dévolu au ministre le pouvoir de déterminer, sur avis du Comité consultatif des arts et manufactures, les bases d'après lesquelles doivent être évaluées les quantités d'alcool que représentent les produits à base d'alcool dénaturé exportés. Les directeurs des départements dans lesquels il existe des fabricants exportateurs auront à fournir, avant le 15 juillet prochain, une liste des produits que les industriels ont jusqu'ici expédiés à l'étranger ; ils indiqueront en même temps quelle est, pour ces produits, la quantité moyenne d'alcool actuellement allouée en décharge ; si, à leur avis, elle correspond exactement à la quantité réelle d'alcool employée dans la fabrication ou si, au contraire, elle est trop faible ou trop élevée ; enfin si les intéressés ont formulé des réclamations. Provisoirement, l'Administration admet que, jusqu'à la notification de la décision du ministre, les comptes continuent d'être réglés d'après les bases d'évaluation anciennes.

Caution. — Que le crédit de l'impôt soit ou non demandé, l'article 27 du règlement oblige les industriels à présenter une caution solvable qui s'oblige solidairement avec eux à payer les droits ou suppléments de droits constatés à leur charge, ainsi que la valeur des dénaturants fournis par l'État.

Les actes de cautionnement seront inscrits au registre n° 52 C. Les industriels qui ont déjà une caution comme distillateurs ou marchands en gros n'auront pas nécessairement à en présenter une autre comme dénaturateurs ou fabricants de produits à base d'alcool dénaturé ; on pourra se borner, en ce qui les concerne, à spécifier dans les actes que la garantie s'étend aux droits de consommation et de dénaturation dont ils pourraient devenir redevables en cette dernière qualité et, s'il y a lieu, à la valeur des dénaturants livrés par l'État. Les directeurs et les sous-directeurs veilleront à ce que, à défaut de caution spéciale, cette mention ne soit pas omise.

Registre de demande d'alcool dénaturé. — Pour assurer l'exacte application de la disposition légale suivant laquelle les industriels qui dénaturent l'alcool et les commerçants qui vendent l'alcool dénaturé (alcools de chauffage d'éclairage et d'éclaircissage) doivent être pourvus d'une autorisation personnelle donnée par la Régie, il importait de mettre les intéressés à même de justifier à leurs fournisseurs de la possession de cette autorisation.

Les articles 28 et 29 du règlement organisent à cet effet un système de commandes qui, tout en donnant satisfaction à l'industrie et au commerce, constituera pour le service un précieux élément de contrôle.

Tout industriel autorisé à faire usage d'alcool dénaturé qui voudra s'en approvisionner au dehors devra se munir d'un registre de demande. Les ampliations de ce registre seront visées à l'avance par le chef de service local. La réception d'une demande revêtue du *visa* établira, aux yeux du vendeur, que l'acheteur est pourvu de l'autorisation. Toute livraison faite sans demande régulière constituerait une contravention. Si, après avoir été avisés que l'Administration a retiré à une personne l'autorisation de recevoir de l'alcool dénaturé, les dénaturateurs lui en fournissent, cet alcool sera soumis au droit général de consommation, alors même qu'ils justifieraient d'une demande en règle. Mention des avis donnés aux expéditeurs sera faite par le service sur leurs registres de préparations et de ventes.

Les acquits-à-caution destinés à légitimer le transport des alcools dénaturés ne seront délivrés que sur la représentation de la demande.

Le receveur buraliste en mentionnera le numéro et la date à la souche et à l'ampliation du registre 2 B, puis il la remettra au chef local qui la renverra, par l'intermédiaire des chefs divisionnaires, au service du lieu d'origine. A l'arrivée du chargement, celui-ci la rapprochera du titre de mouvement remis par le destinataire et, s'il y a lieu de la souche du registre de demande. Dans le cas où ces rapprochements feraient ressortir des différences, il prendrait ou provoquerait immédiatement les mesures nécessaires.

Les demandes seront conservées par le chef local, qui les classera distinctement par année, de manière qu'on puisse s'y reporter au besoin.

Expédition des alcools de chauffage, d'éclairage et d'éclaircissage aux marchands en gros et aux débitants. — Le nouveau règlement soumet à des régimes différents le commerce en gros et le commerce en détail de ces alcools.

Chez les marchands en gros, il prescrit la tenue de comptes, des justifications de vente et, en vertu de ce principe que la modération de taxe reste en suspens jusqu'à l'emploi effectif de l'alcool aux usages prévus par le législateur, il frappe les manquants de la somme d'impôt qu'elle représente. Dans ces conditions, on a cru pouvoir admettre que les alcools de chauffage d'éclairage et d'éclaircissage expédiés aux marchands en gros circulent sous la marque du fabricant ou du marchand en gros expéditeur, c'est-à-dire suivant la pratique ordinaire du commerce, sans préjudice, bien entendu, des titres de mouvement dont ils doivent être accompagnés.

Chez les débitants, il n'était pas possible de suivre des comptes, d'exiger des justifications de vente, car il en serait résulté pour la vente en détail des entraves qui auraient rendu la loi illusoire. Il a donc fallu chercher d'autres garanties dans un ensemble de mesures dont le but est d'interdire aux débitants la manipulation des alcools de chauffage d'éclairage et d'éclaircissage.

L'article 30 du règlement dispose que les envois faits aux détaillants ne peuvent circuler qu'en bidons scellés du plomb du fabricant ou du marchand en gros ou en bouteilles revêtues de capsules estampées à leur nom. La vente en détail ne pourra s'effectuer que dans les bidons ou bouteilles d'origine. Le débitant devra les livrer intacts, sous le plomb ou l'estampille du fabricant ou du marchand en gros expéditeur.

Ces mesures ne constituent pas une innovation. Déjà la vente en détail s'effectue habituellement en bouteilles revêtues de la marque du fabricant ou du négociant ; le système de livraison en bidons scellés est en usage pour les huiles raffinées de pétrole (luciline, saxoléine, oriflamme, etc.) Le règlement ne fait donc qu'étendre des méthodes qui sont entrées dans les habitudes et il y a lieu de penser que ses dispositions seront facilement acceptées.

Le dernier paragraphe de l'article 30 permet d'ailleurs de donner satisfaction aux détaillants qui voudraient recevoir l'alcool dénaturé en fûts ou autres récipients de grandes dimensions, sauf à le mettre en bidons ou en bouteilles sous leur marque particulière, dans les conditions déterminées par l'Administration. Seuls les débitants de boissons à consommer sur place sont exclus du bénéfice de cette concession, en raison du danger qu'il y aurait, pour le public et pour le Trésor, à laisser à leur disposition de grandes quantités d'alcool dénaturé en fûts.

L'Administration délègue aux directeurs le pouvoir de statuer sur les demandes qui leur seraient adressées. Elle estime qu'en thèse générale, il n'y aurait lieu de les accueillir que si les débitants s'engageaient à recevoir les produits sous le plomb du service, à effectuer les transvasions aux jours et heures fixés par les employés qui auraient toujours le droit d'y assister, et à rembourser les frais de surveillance sur les bases indiquées par le dernier paragraphe de l'article 23 du règlement.

II. De la vente de l'alcool dénaturé.

En dehors des livraisons faites par les dénaturateurs aux industriels autorisés à employer l'alcool dénaturé pour les besoins de leur industrie, lesquels doivent l'utiliser dans leur établissement même et ne peuvent par suite le revendre, il ne peut être fait commerce que des alcools dits de chauffage, d'éclairage et d'éclaircissage.

Les alcools dits de chauffage, d'éclairage et d'éclaircissage peuvent être livrés par les dénaturateurs aux marchands en gros et au détail autorisés. Les marchands en gros peuvent effectuer des livraisons à d'autres marchands en gros et aux détaillants. Les débitants sont seuls admis à faire des ventes aux particuliers.

Rien ne s'oppose d'ailleurs à ce que les dénaturateurs et les marchands en gros soient autorisés à ouvrir des établissements de détail dans des locaux séparés de leurs ateliers ou de leurs magasins de gros.

Demande d'autorisation à former par les marchands en gros et au détail des alcools de chauffage, d'éclairage et d'éclaircissage. — Conditions que leurs installations doivent remplir. — La loi soumet le commerce de l'alcool dénaturé à la formalité de l'autorisation préalable.

Les personnes qui veulent se livrer à ce commerce soit en gros, soit au détail, doivent, d'après l'article 32 du règlement, adresser au directeur départemental des Contributions indirectes une demande présentant la désignation des locaux où ils se proposent de l'exercer.

Les marchands en gros et les détaillants actuels seront, dès la réception de la présente circulaire, invités par le service à se mettre immédiatement en règle.

Les directeurs statueront sur les demandes, après avoir pris l'avis du chef local.

De même que les dénaturateurs, les marchands en gros et les débitants ne pourront détenir les alcools dénaturés en dehors des locaux déclarés.

Il ne devra en outre exister aucune communication intérieure entre les deux locaux affectés au commerce de ces alcools et les bâtiments dans lequels se trouveront des appareils de distillation ou de rectification, ou ceux qui seront affectés à la fabrication ou au commerce en gros des boissons. Cette disposition, qui a pour but de prévenir les revivifications clandestines et les mélanges d'alcool dénaturés aux boissons, devra être strictement appliquée.

L'obligation faite aux débitants de conserver les alcools dénaturés en récipients scellés constituant une garantie, le règlement ne s'oppose pas à ce qu'il soit procédé à la vente en détail de ces alcools et à celle des boissons dans les mêmes locaux. Mais il importe essentiellement que bidons et bouteilles d'alcools de chauffage, d'éclairage et d'éclaicissage destinés à la vente ne soient jamais fractionnés. J'appelle sur ce point toute la vigilance du service.

Registre de demande d'alcool dénaturé. — Registre de réceptions et de livraisons. — La disposition relative à l'établissement des commandes d'alcool dénaturé sur un registre à souche est applicable aux marchands en gros et aux détaillants d'alcools de chauffage, d'éclairage et d'éclaircissage.

Ces commerçants seront tenus d'inscrire leurs réceptions et livraisons sur un registre spécial. Toutefois, s'il y avait lieu d'exiger que, conformément à l'article 4 de la loi, les fabricants et les marchands en gros inscrivent toutes leurs opérations au moment même où ils y procèdent, le strict accomplissement de cette obligation pourrait occasionner aux détaillants une gêne qui entraverait la vente. L'Administration consent en conséquence à ce que les débitants soient admis à enregistrer leurs livraisons en bloc, à la fin de chaque journée, en relatant séparément, d'une part, les quantités livrées sans titre de mouvement, d'autre part, celles ayant fait l'objet de laissez-passer et les numéros de ces expéditions. Mais cette tolérance serait immédiatement retirée en cas d'abus.

Réceptions, détention et livraisons. — En exécution de la prescription contenue dans le dernier paragraphe de l'article 4 de la loi, l'article 35 du règlement détermine les quantités maxima d'alcools de chauffage, d'éclairage et d'éclaircissage que les marchands en gros et au détail peuvent recevoir, détenir ou livrer.

Il laisse à l'Administration la faculté d'autoriser, sur justifications spéciales, des fixations plus élevées.

Les directeurs instruiront les demandes que pourront former les intéressés ; ils statueront d'après les garanties offertes par les pétitionnaires et d'après l'importance de leur commerce.

Payement des droits. — En raison de la modicité du nouveau tarif, il aurait été sans intérêt pour les détaillants d'obtenir le crédit de la taxe de dénaturation : les débitants ne seront admis à recevoir que des produits libérés de cette taxe.

Les marchands en gros pourront réclamer l'entrepôt, à charge de se munir d'une licence s'ils n'en sont pas déjà pourvus en qualité de marchands en gros de boissons. Dans ce cas, les droits sur les quantités expédiées par eux seront exigibles à l'enlèvement, à moins que l'expédition ne soit faite à un autre marchand en gros entrepositaire.

Obligations des marchands en gros. — Tenue des comptes. — Sauf la disposition concernant la licence, qui n'est due que lorsqu'ils demandent le crédit de la taxe de dénaturation, l'article 36 du règlement soumet les marchands en gros d'alcools de chauffage, d'éclairage et d'éclaircissage à toutes les obligations des marchands en gros de boissons. Ils devront notamment fournir une caution solvable dont l'engagement sera souscrit selon le mode tracé par la présente circulaire pour les actes de cautionnement relatifs aux dénaturateurs.

Comme les dénaturateurs, ils ne pourront faire de livraisons que sur une demande extraite du registre à souche réglementaire et visée par le chef local, demande qu'ils auront à représenter au receveur buraliste et qui sera renvoyée au service du lieu d'origine dans la forme déjà indiquée.

Leurs comptes seront tenus dans les mêmes conditions que ceux des marchands en gros de boissons ; mais les manquants seront passibles des taxes générales et locales propres à l'alcool en nature, défalcation faite de la taxe de la dénaturation si elle a été acquittée.

Le dernier paragraphe de l'article 36 contient une prescription nouvelle destinée à faciliter les recensements. Aux termes de cette prescription, qui complète celles des articles 8 à 11 de la loi du 19 juillet 1880, les marchands en gros d'alcools de chauffage, d'éclairage et d'éclaircissage devront, lors des inventaires effectués dans leurs magasins, fournir au service, dès qu'ils en seront requis, les instruments de vérification et le personnel nécessaires.

La nouvelle obligation imposée aux négociants ne saurait dispenser le service de se munir des instruments (alcoomètres, thermomètres, jauges, etc.) dont il se sert habituellement au cours de ses opérations ; ce n'est que dans des circonstances exceptionnelles et imprévues qu'il pourrait leur demander de mettre à sa disposition ceux qu'ils possèdent. La mesure a surtout pour but de lui permettre de contrôler, s'il y avait lieu, par le pesage métrique, leurs déclarations. Les marchands en gros seraient alors tenus de fournir les balances, les poids et le personnel nécessaires pour cette vérification.

Prélèvements d'échantillons chez les marchands en gros et débitants d'alcools de chauffage, d'éclairage et d'éclaircissage et chez les débitants de boissons. — L'article 37 autorise les employés à prélever chez les marchands en gros et au détail d'alcools de chauffage, d'éclairage et d'éclaircissage, comme ils sont autorisés à le faire par l'article 21 chez les dénaturateurs, tous les échantillons qu'ils jugent nécessaires. Mais, tandis que les dénaturateurs sont, par application de l'article 11 de la loi du 16 avril 1895, tenus de fournir les échantillons gratuitement, il a paru juste d'autoriser le remboursement de la valeur de ceux qui auront été prélevés dans les magasins des marchands en gros ou dans les débits, toutes les fois qu'à l'analyse ils seront reconnus réunir les éléments prescrits.

La dépense sera régularisée suivant les règles ordinaires.

Enfin, comme c'est surtout dans les débits de boissons que l'on peut chercher à écouler les spiritueux préparés avec de l'alcool dénaturé, le seul moyen d'atteindre cette fraude, aussi préjudiciable à la santé des consommateurs qu'aux intérêts du Trésor et à ceux du commerce honnête, consiste à surveiller la composition des produits qui y sont vendus. Le dernier paragraphe de l'article 37 permet au service de prélever, dans les mêmes conditions, des échantillons sur les liquides mis en vente chez les débitants de boissons.

Dans les débits exercés, les employés pourront procéder à ces prélèvements au cours de leurs visites habituelles, lorsqu'ils auront des raisons de croire que les boissons qu'ils y trouveront renferment de l'alcool dénaturé. Dans les autres débits, ils n'interviendront que sur l'ordre ou sous la direction d'un employé supérieur et, si le débitant s'oppose à la vérification, ils réclameront l'assistance d'un officier de police judiciaire. Tout refus par un débitant chez lequel ils se seront légalement introduits de les laisser prendre des échantillons sur les liquides mis en vente, tout empêchement apporté par lui à ce prélèvement constituerait une infraction qui devrait être constatée par procès-verbal et qui donnerait lieu à l'application des pénalités édictées par l'article 11 de la loi.

Toutes les fois qu'ils prendront des échantillons, pour cause de présomption de fraude, les employés déclareront procès-verbal et saisie de la totalité du liquide sur lequel ils les auront prélevés et renverront la rédaction de l'acte judiciaire à une date assez éloignée pour que le résultat de l'analyse puisse leur être notifié avant son échéance.

Suivant l'usage, les échantillons seront prélevés en triple et placés sous le cachet du service qui invitera le débitant à y apposer également le sien. Il sera dressé immédiatement, pour ordre, un procès-verbal administratif indiquant la date de l'opération, les noms, qualités et résidences des employés, le nom et le domicile du débitant, la quantité du liquide sur lequel le prélèvement aura été effectué et sa nature. Si l'analyse ne confirmait pas le soupçon de fraude, l'affaire serait abandonnée et la valeur des échantillons payée au débitant.

On procédera de la même façon pour les prélèvements effectués chez les marchands en gros et les débitants d'alcools de chauffage, d'éclairage ou d'éclaircissage.

III. Dispositions communes a la préparation et a la vente de l'alcool dénaturé.

Communication des livres de commerce. — L'article 4 de la loi donne aux employés supérieurs le droit d'examiner les livres de commerce des dénaturateurs et ceux des commerçants qui vendent de l'alcool dénaturé (alcool de chauffage, d'éclairage ou d'éclaircissage). Il n'est fait exception que pour les industriels chez lesquels l'alcool disparaît ou est transformé au cours des manipulations et qui se seront engagés à supporter les frais d'une surveillance permanente pendant la durée de leur fabrication.

L'Administration ne doute pas que les employés supérieurs ne sachent apporter dans l'exercice de ce droit l'esprit de modération, le tact et la discrétion nécessaires. D'une manière générale, ils n'en useront que lorsqu'ils auront de sérieux motifs de croire que les industriels ou commerçants se livrent à des manœuvres frauduleuses ; de plus, ils n'examineront les écritures commerciales qu'au point de vue des opérations d'achat et de vente des marchandises et éviteront de porter leurs investigations sur celles qui se rattacheront exclusivement à la situation financière des établissements.

Renouvellement annuel des autorisations. — D'après le même article, les autorisations sont renouvelables annuellement et peuvent toujours être révoquées.

Il ne sera pas indispensable que les intéressés fassent chaque année une nouvelle demande. Dans les dix premiers jours du mois de décembre, les chefs locaux adresseront aux sous-directeurs, qui le feront parvenir, avec leur avis, aux directeurs, le relevé des dénaturateurs, fabricants de produits à base d'alcool dénaturé, marchands en gros et débitants d'alcools de chauffage, d'éclairage et d'éclaircissage qui leur auront exprimé le désir d'obtenir le renouvellement de l'autorisation pour l'année suivante. Ce relevé, dressé sur un état n° 20 I, sera fourni en deux expéditions dont une sera renvoyée au chef local, après avoir été annotée par le directeur de sa décision.

Révocation des autorisations. — Si des fraudes ou des irrégularités graves viennent à être constatées à la charge d'industriels ou de commerçants autorisés, il en sera donné immédiatement avis au directeur, qui décidera si l'autorisation doit être retirée.

L'autorisation ne pourra être maintenue aux industriels et marchands en gros qui ne se trouveront pas en mesure de fournir caution, à moins qu'ils ne consignent, pour les alcools dénaturés qu'ils détiendront, la totalité des droits généraux et locaux applicables à l'alcool en nature. Les acquits-à-caution relatifs aux chargements qu'ils recevraient par la suite ne seraient déchargés que sous la même condition.

L'article 38 du règlement indique les mesures à prendre en cas de retrait des autorisations.

Aux termes de cet article, les industriels et négociants entrepositaires auxquels l'autorisation est retirée doivent expédier leurs stocks à d'autres entrepositaires ou payer immédiatement les droits dont le crédit leur avait été accordé. Ils ont en outre à écouler dans le délai qui leur est fixé les quantités qu'ils ont libérées d'impôt. Cette dernière disposition est applicable aux produits existant chez les fabricants et négociants non entrepositaires, ainsi que chez les débitants.

Lorsqu'ils prononceront le retrait d'une autorisation, les directeurs auront soin de fixer par la même décision le délai dans lequel l'intéressé devra se défaire de ses stocks. S'il ne les avait pas écoulés à l'expiration de ce délai, il tomberait sous le coup des pénalités déterminées par la loi.

Les directeurs rendront compte à l'Administration de leurs décisions de révocation par un état manuscrit, qu'ils joindront à leur rapport trimestriel n° 105.

CESSATION DE LA FABRICATION OU DU COMMERCE.

Les industriels et commerçants qui cesseront leurs opérations demeureront assujettis aux obligations résultant de la loi et du règlement, tant qu'ils conserveront en leur possession des alcools reçus par eux, avec le bénéfice de la taxe réduite, pour les besoins de leur industrie ou de leur commerce.

FOURNITURE ET REPRÉSENTATION DES REGISTRES.

Les registres de fabrication et de vente dont le décret du 29 janvier 1881 prescrivait la tenue aux dénaturateurs leur étaient remis gratuitement par l'Administration.

L'article 4 de la loi du 16 décembre 1897 ayant étendu l'obligation de l'inscription de leurs opérations à tous les marchands d'alcool dénaturé, l'application de cette disposition aurait imposé à l'État une dépense fort lourde s'il avait continué à fournir les imprimés nécessaires. Le nouveau règlement (articles 23, 24, 29, 34 et 35) oblige, d'une manière générale, les intéressés à se les procurer à leurs frais.

Suivant l'article 39, les divers registres dont la tenue est prescrite par le nouveau règlement sont cotés et paraphés par le chef local des Contributions indirectes et ils doivent être arrêtés et représentés à toute réquisition du service par les industriels et commerçants qui en sont dépositaires.

En ce qui concerne le registre de demande d'alcool dénaturé, il y aura lieu d'exiger que toutes les formules en soient revêtues à l'avance, par les soins de l'intéressé, de l'indication de ses nom, prénoms, profession et domicile. Le chef local apposera ensuite son visa sur chaque ampliation en cotant le registre.

Le règlement dispose qu'en cas de cessation de la fabrication ou du commerce ou de retrait de l'autorisation par l'Administration, les registres de demande doivent être remis immédiatement au service. Cette disposition devra toujours être rigoureusement observée. Si une commande inscrite à la souche du registre n'avait pas encore été soldée au moment de sa remise, il y aurait lieu d'informer aussitôt de l'incident par l'intermédiaire des chefs divisionnaires, le dénaturateur ou le marchand en gros désigné comme devant effectuer la livraison.

FORMALITÉS DE CIRCULATION.

1° *Alcools dénaturés pour les usages industriels.* — Ces alcools ne peuvent circuler que sous le lien d'acquits-à-caution garantissant le double droit de consommation.

2° *Produits à base d'alcool dénaturé.* — Le payement de la taxe de dénaturation au moment de la mise en œuvre de l'alcool dénaturé ne dispense pas les industriels de se munir d'expéditions pour l'enlèvement des produits fabriqués. Par application de l'article 4 de la loi du 28 février 1872, ces produits restent soumis aux formalités de circulation, comme toutes les préparations à base alcoolique.

Pour les produits liquides on délivrera :

a. Si l'envoi est fait à un dénaturateur ou à un industriel soumis à la vérification du service :

Un acquit-à-caution n° 2 B qui énoncera que les produits expédiés sont libérés du droit de dénaturation et garantira, en cas de non-décharge, le double de ce droit ;

b. Si l'envoi est fait à un destinataire non soumis aux vérifications du service :

Un passavant n° 3 B pour les quantités représentant plus de 50 litres d'alcool pur :

Un laissez-passer n° 5 *bis*, avec perception du prix du timbre, pour les quantités représentant de 11 à 50 litres d'alcool pur :

Un laissez-passer n° 5 *bis*, avec annulation du timbre, lequel restera annexé à la souche, pour les quantités représentant de 6 à 10 litres d'alcool pur.

La libre circulation des produits liquides est autorisée jusqu'à concurrence de 5 litres d alcool pur.

Les produits solides qui ne retiennent pas l'alcool, tels que le sulfate de quinine, la santonine, l'atropine, etc., continueront d'être exempts des formalités de circulation. Toutefois, en cas d'exportation, le fabricant devra, comme pour les produits liquides, se munir d'un acquit-à-caution s'il désire obtenir la remise de la taxe de dénaturation sur des quantités d'alcools équivalentes à celles que représenteront les produits exportés.

3° *Alcools de chauffage, d'éclairage et d'éclaircissage.* — L'article 32 du règlement permet d'exiger que toutes les quantités expédiées aux marchands en gros et aux débitants, en tous lieux, soient accompagnés d'acquits-à-caution.

Il devra être fait application de cette disposition pour tous les envois destinés aux marchands en gros et pour ceux effectués aux débitants par quantités de plus de 50 litres en volume. Mais l'Administration admet que les quantités de 50 litres et au-dessous expédiées aux débitants en bidons scellés ou en bouteilles estampillées, conformément au deuxième paragraphe de l'article 30, puissent circuler soit avec un congé n° 4 B si l'expéditeur jouit du crédit des droits, soit avec un laissez-passer n° 5 *bis* si l'expéditeur ne détient que des produits libérés d'impôt.

Les commandes renvoyées par le service du lieu d'expédition aux employés de la résidence du débitant leur permettront de suivre ces introductions et d'exercer utilement leur surveillance.

Les acquits-à-caution délivrés pour les alcools de chauffage, d'éclairage ou d'éclaircissage mentionneront, s'il y a lieu, que les produits sont libérés de la taxe de dénaturation et garantiront, en cas de non-décharge, le double droit de consommation.

Qu'ils soient ou non entrepositaires, les dénaturateurs et les marchands en gros ne pourront faire aucune livraison sans expédition.

Les quantités de 5 litres et au-dessous, en volume, enlevées des débits pourront circuler librement.

Les quantités de plus de 5 litres, en volume, livrées par les débitants donneront lieu, savoir :

Celles de 6 à 10 litres, à la délivrance d'un laissez-passer n° 5 *bis*, avec annulation du timbre qui restera annexé à la souche ;

Celles de 11 à 20 litres, à la délivrance d'un laissez-passer n° 5 *bis*, avec perception du prix du timbre.

Les préparateurs et les marchands en gros d'alcools de chauffage, d'éclairage et d'éclaircissage pourront, ainsi que les débitants, être autorisés, sur leur demande, à se délivrer eux-mêmes les laissez-passer n° 5 *bis* au moyen de registres mis à leur disposition. Ils devront, dans ce cas, remettre les commandes au service après y avoir mentionné le numéro et la date des laissez-passer qu'ils auront délivrés.

Des registres n° 5 *bis* pourront également être remis aux fabricants de produits à base d'alcool dénaturé qui en feront la demande.

D'après l'article 40 du règlement, les prescriptions de l'article 8 de la loi du 16 décembre 1897 (*visa obligatoire des acquits-à-caution en cours de route lorsque le chargement dépasse 1 hectolitre en alcool pur ; faculté pour le service d'apposer une vignette ou un scellement qui doit être représenté intact à l'arrivée ; répression des enlèvements fictifs*) sont applicables aux alcools dénaturés. On se conformera aux instutions qui seront données ultérieurement en vue de leur exécution.

Le règlement édicte en outre, pour le transport des alcools dénaturés, une mesure analogue à celle qui est en vigueur depuis 1889 pour la circulation des vins de raisins secs. Les vaisseaux servant au transport de ces alcools devront porter désormais, gravés ou peints en caractères d'au moins trois centimètres de hauteur, les mots : « alcool dénaturé ». Ces mots devront aussi être inscrits sur les étiquettes des bouteilles.

Interdiction de désinfecter ou de revivifier les alcools dénaturés. — Le deuxième paragraphe de l article 40 maintient l'interdiction de procéder à aucune opération de coupage, de rectification, de décantation ayant pour but de revivifier ou de désinfecter les alcools dénaturés.

Consacrant la mesure que le Comité consultatif des arts et manufactures avait adoptée dans sa séance du 1er mars 1893, une autre disposition du même article interdit également d'abaisser le titre de ces alcools ou de les additionner de matières non prévues par les décisions du ministre des Finances.

Quelle que soit leur destination, les alcools dénaturés ne pourront donc, jusqu'à leur emploi, être soumis à aucun traitement quelconque.

Extraits de la circulaire n° 465 du 6 novembre 1901

Alcools dénaturés. — *Remboursement des frais de dénaturation. — Taxe de fabrication sur l'alcool d'industrie.— Autorisations relatives aux approvisionnements des simples particuliers.*

Remboursement des frais de dénaturation

Ainsi que le stipule l'article 59 de la loi de finances précitée, l'allocation de 9 francs par hectolitre d'alcool pur soumis à la dénaturation qui est attribuée aux dénaturateurs, ne concerne que les alcools dénaturés, destinés au chauffage, à l'éclairage ou à la production de la force motrice, c'est-à-dire les alcools qui, à partir du 1er janvier 1902, seront, dans les proportions réglementaires, additionnés de méthylène et de benzine.

Mais il va sans dire, que l'ouverture du droit au payement de cette allocation est subordonnée à la condition que l'alcool employé à la dénaturation aura été reconnu régulièrement dénaturé par le service des laboratoires du ministère des Finances. De plus, il ne paraît pas superflu de spécifier que c'est le volume d'alcool pur contenu dans l'alcool dénaturé qui, à l'exclusion de la quantité de substances dénaturantes ajoutées (méthylène et benzine), sert de base au calcul de l'allocation de 9 francs.

Le remboursement aux intéressés des frais de dénaturation dont il s'agit sera effectué de la matière suivante :

Les employés chargés de la surveillance des opérations de dénaturation inscriront sur un portatif 50 A, au fur et à mesure de la réception des bulletins d'analyse attestant la régularité des dénaturations, les quantités d'alcool pur dénaturées en vue du chauffage, de l'éclairage et de la production de la force motrice. A la fin du mois, ces quantités seront totalisées et portées sur un relevé n° 15 (nouveau modèle du service des distilleries) établi pour chaque dénaturateur et transmis en double expédition au Chef de la Division administrative. Sans délai, le directeur ou sous-directeur vérifiera l'exactitude du décompte et renverra au receveur local l'une des expéditions du relevé n° 15 avec ordre de payer aussitôt les sommes revenant au dénaturateur et, celui-ci, sur cette pièce même, après paiement, apposera sa signature pour valoir quittance. Ce relevé sera ensuite annexé au bordereau mensuel n° 80 A et le receveur principal de la circonscription en inscrira le montant au compte (ligne des dépenses) ouvert à cet effet au bordereau n° 91 A parmi les services spéciaux du Trésor. Enfin, ces dépenses seront mensuellement justifiées à la Direction générale de la Comptabilité publique par la production des relevés n° 15 acquittés et accompagnés d'un bordereau récapitulatif dressé par le receveur principal sur une chemise n° 249 et visé par le directeur ou le sous-directeur.

Les inspecteurs, au cours de leurs vérifications, auront soin de faire les rapprochements utiles afin de s'assurer que les diverses quantités d'alcool pur mentionnées aux relevés n° 15 donnaient réellement droit au paiement de l'allocation de 9 francs.

Il est bien entendu que le remboursement des frais de dénaturation s'applique non seulement aux alcools simplement dénaturés en vue du chauffage, de l'éclairage ou de la production de la force motrice, mais encore aux alcools carburés affectés aux mêmes usages.

Enfin, l'allocation de 9 francs sera payée à l'industriel qui aura définitivement et réglementairement transformé l'alcool en un produit destiné soit au chauffage et à l'éclairage, soit à l'alimentation des moteurs fixes ou mobiles. Ainsi dans le cas où un dénaturateur expédierait de l'alcool simplement méthylé à un préparateur d'alcool de chauffage qui y ajouterait, à l'arrivée, en présence du service, la proportion voulue de benzine, c'est à ce dernier que devrait être remboursée, dans les conditions ci-dessus indiquées pour les dénaturateurs, la somme représentative des frais de la dénaturation. Dans cette hypothèse, le service devrait veiller à ce que, conformément aux prescriptions de la circulaire n° 290 du 15 juin 1898, l'acquit-à-caution accompagnant l'envoi d'alcool méthylé indique bien distinctement la quantité exacte d'alcool pur comprise dans le mélange, quantité sur laquelle sera établi le calcul de l'allocation de 9 francs.

Circulaire n° 492, du 26 avril 1902.

Alcools dénaturés. — *Nouveaux maxima de réceptions, de livraisons et de détention d'alcools dénaturés.*

Dans le but de prévenir la constitution de dépôts clandestins en vue de la revivification des alcools dénaturés, il a de tout temps paru nécessaire de réglementer la circulation et la détention de ces produits. Le décret du 1er juin 1898 n'a fait que suivre les errements antérieurs, lorsqu'il a fixé comme suit les quantités maxima d'alcools de chauffage, d'éclairage et d'éclaircissage que les négociants en gros et en détail peuvent recevoir détenir ou livrer.

Marchands en gros

Réceptions. — 20 hectolitres par jour.

Détention. — 100 hectolitres.

Livraisons. — 250 litres par jour pour chaque destinataire.

Détaillants.

Réceptions. — 250 litres par jour.

Détention. — 10 hectolitres.

Livraisons. — 25 litres par jour pour chaque acheteur.

Ces fixations ont été, dans ces derniers temps, l'objet de réclamations motivées sur ce fait que, si les dénaturateurs n'expédient par jour que 20 hectolitres aux marchands en gros et 250 litres aux détaillants, ils ne peuvent bénéficier des tarifs réduits que les compagnies de chemins de fer appliquent, d'une part, aux transports par wagons complets de 4.000 à 5.000 kilogrammes et, d'autre part, aux envois de 500 kilogrammes appelés à circuler sur plusieurs réseaux.

L'étude de la question a donné lieu de reconnaître qu'en effet le défaut de corrélation entre le régime fiscal et celui des transports par voie ferrée pouvait nuire au développement de l'emploi industriel de l'alcool, et que les fixations inscrites à l'article 35 du décret de 1898 ne sont plus en harmonie avec les exigences de la situation présente. Autrefois les dénaturateurs, les marchands en gros, les détaillants n'étendaient guère leurs opérations au-delà d'un rayon limité, et c'est pour ce motif qu'il avait paru possible de régler, par journée, les quantités d'alcools que les uns et les autres pouvaient expédier ou recevoir. Mais, sous ce rapport, la situation s'est profondément modifiée ; les industriels et les commerçants s'efforcent d'étendre le champ de leurs opérations. Or un dénaturateur, un marchand en gros qui a pour client un commerçant domicilié à une grande distance de son établissement, ne saurait être astreint à lui faire des envois journaliers et il a paru qu'il convenait de lui donner la possibilité de faire chaque semaine un envoi unique équivalant aux six expéditions quotidiennes que le règlement prévoit et autorise. Ce groupement en chargements hebdomadaires, tout en permettant aux intéressés de bénéficier des tarifs spéciaux de transport, ne paraît diminuer en rien les garanties offertes par la réglementation existante.

En conséquence, à la date du 17 avril 1902, le ministre a décidé qu'en attendant la revision du règlement, revision qui est actuellement à l'étude, il y aurait lieu de se conformer aux fixations indiquées ci-après :

MARCHANDS EN GROS

Réceptions. — 120 hectolitres par semaine.

Détention. — 150 hectolitres (1).

Livraisons. — 15 hectolitres par semaine et par destinataire.

DÉTAILLANTS

Réceptions. — 15 hectolitres par semaine.

Détention. — 150 hectolitres (1).

Livraisons. — 25 litres par jour pour chaque acheteur.

Les directeurs voudront bien porter la décision ministérielle à la connaissance du service et des intéressés et en surveiller l'exacte application.

Il va sans dire que la mesure prise n'exclut pas les fixations spéciales qui pourront continuer d'être appliquées, par voie d'autorisation individuelles, en vertu du dernier paragraphe de l'article 35.

CONDITIONS DE LA DÉNATURATION DES ALCOOLS FIXÉES PAR LE COMITÉ CONSULTATIF DES ARTS ET MANUFACTURES (2).

1° Les alcools présentés à la dénaturation ne devront pas contenir plus de 1 p. 100 d'huiles essentielles (3). Ils devront marquer au minimum 90 degrés alcoométriques à la température de 15 degrés (sans correction);

2° Les méthylènes présentés à l'Administration pour être employés à la dénaturation des alcools devront marquer 90 degrés alcooliques, cette détermination étant faite à la température de 15 degrés sans correction.

Ils devront contenir 25 p. 100 d'acétone avec une tolérance de 0,5 p. 100 (cinq millièmes) en plus ou en moins et 2 5 p. 100 (25 millièmes) au minimum (déduction faite des produits saponifiables par la soude et exprimés en acétate de méthyle) des impuretés pyrogénées qui leur communiquent une odeur très vive et caractéristique des produits bruts de la distillation du bois, le complément à 100 volumes étant formé d'eau et d'alcool méthylique libre de toute combinaison.

Toute addition de produits étrangers à la distillation du bois, entraînerait de plein droit le rejet du méthylène ;

1. Le maximum de la détention a paru devoir être élevé de 100 à 150 hectolitres chez les marchands en gros et de 10 à 20 hectolitres chez les détaillants pour mettre ces fixations en rapport avec les quantités qui peuvent être reçus en une seule fois.

2. Avis du Comité des 13 et 25 juillet 1894, du 13 décembre 1899, rendus exécutoires le 4 septembre 1894 et le 30 décembre 1899.

3. Les spiritueux destinés à la dénaturation ne doivent contenir que de l'alcool éthylique, de l'eau et les quelques impuretés de tête et de queue que renferment normalement les alcools d'industrie.

3° Pour opérer la dénaturation (1), on mêlera à 100 litres d'alcool à 90 degrés, 10 litres de méthylène, type défini ci-dessus. (Avis du Comité du 28 juillet 1897.)

Pour les alcools destinés au chauffage et à l'éclairage, on ajoutera à ce mélange 0 litre 500 (500 centimètres cubes) de benzine lourde ayant l'odeur caractéristique des produits lourds de la distillation de la houille et bouillant entre 150 et 200 degrés. (Avis du Comité du 27 octobre 1900.)

Le mélange de ces diverses substances devra être rendu bien homogène par une agitation suffisante en présence des agents du service.

L'alcool dénaturé devra, jusqu'à son emploi, conserver ses caractères spécifiques. Il ne pourra ni être abaissé de titre, ni additionné d'huiles essentielles, d'essences ou de tout autre produit capable d'en modifier l'odeur, la saveur ou les autres propriétés, ni être soumis à un traitement quelconque, sous peine de perdre le bénéfice de la dénaturation et de devenir passible des taxes pleines afférentes à l'alcool pur.

Dans les alcools destinés à la fabrication des vernis, l'addition de 0,5 p. 100 de benzine pourra être remplacée par celle de 4 kilogrammes de résine ou de gomme-résine dont la nature sera déterminée par le fabricant et que l'on dissoudra complètement devant les agents du service. (Avis du 13 juin 1894.)

Il sera prélevé sur toute dénaturation, quelle qu'en soit l'importance, des échantillons, savoir :

Un échantillon de méthylène dénaturant ;

Un échantillon de l'alcool en nature ;

Un échantillon de la benzine lourde ;

Un échantillon de l'alcool dénaturé.

Ces échantillons seront envoyés au laboratoire de l'Administration La vérification portera dans tous les cas sur l'alcool en nature et sur l'alcool dénaturé, l'analyse des deux autres échantillons n'ayant lieu que dans le cas où la vérification de l'alcool dénaturé aurait présenté quelque anomalie.

Les procédés d'analyse (2), obligatoires pour l'Administration aussi bien que pour les industriels, seront ceux décrits dans les instructions rédigées par M. le Directeur du laboratoire central des Contributions indirectes et contenus dans les pièces A. B. C. D. E. annexées au rapport.

1 Ce procédé est le procédé général applicable aux alcools destinés aux usages industriels et transformés sur place en produits achevés.

2 Ces procédés analytiques sont décrits dans les pièces annexes de la circulaire n° 103, en date du 30 octobre 1894. Avis du Comité du 13 juin et 25 juillet 1894.

ANNEXE C

I. Procédés analytiques.

Procédé analytique A

DOSAGE DES HUILES ESSENTIELLES DANS LES ALCOOLS.

Essai qualificatif.

Placer dans un tube à essai 5 centimètres cubes d'alcool et y ajouter 30 à 35 centimètres cubes d'eau salée colorée par un peu de violet d'aniline.

A. Il ne surnage aucune couche huileuse.

B. Il flotte à la surface du liquide une quantité plus ou moins importante d'alcools supérieurs teintés en violet.

A. *Il ne surnage aucune couche huileuse sur l'eau salée.*

1° Prendre 100 centimètres cubes d'alcool, les introduire dans un entonnoir à décantation d'un litre ; ajouter 60 à 70 centimètres cubes de sulfure de carbone, puis 450 centimètres cubes d'eau salée saturée et une quantité d'eau suffisante pour redissoudre le sel qui se précipite (50 centimètres cubes environ) ;

2° Agiter vigoureusement l'entonnoir, puis laisser reposer ;

3° Décanter le sulfure de carbone dans un entonnoir à robinet de 300 centimètres cubes environ, en évitant l'introduction d'eau ;

4° Faire deux autres épuisements semblables et réunir le sulfure de carbone à celui provenant du premier essai ;

5° Agiter alors le sulfure de carbone avec une quantité d'acide sulfurique concentré suffisante pour que celui-ci tombe au fond de l'entonnoir après agitation (2 à 3 centimètres cubes en général sont suffisants) ;

6° Laisser bien reposer puis décanter l'acide dans une fiole de 125 centimètres cubes ; laver deux fois le sulfure de carbone avec 1 centimètre cube d'acide sulfurique chaque fois et réunir ces liquides à celui déjà introduit dans la fiole ;

7° Faire passer ensuite un courant d'air à la surface du liquide en chauffant au besoin vers 60 degrés, de façon à chasser le sulfure qui a pu être entraîné ;

8° Ajouter une quantité d'acétate de soude cristallisé nécessaire pour neutraliser la presque totalité de l'acide sulfurique (pour 10 centimètres cubes d'acide sulfurique, 15 grammes d'acétate suffisent), puis chauffer au bain-marie pendant un quart d'heure, en ayant soin de munir la fiole d'un bouchon portant un tube de verre de 1 mètre de longueur faisant fonction de réfrigérant ;

9° Laisser refroidir et ajouter 100 centimètres cubes d'eau salée, puis introduire le tout dans un entonnoir à décantation de 300 centimètres cubes dont la partie inférieure est graduée en dixièmes de centimètres cubes ;

10° Laisser reposer quelque temps, puis décanter le liquide de façon à amener les acétates des alcools supérieurs dans les limites de la graduation et lire le nombre de centimètres cubes qu'ils occupent.

Le nombre lu, multiplié par 0,8, donne la quantité d'alcool butylique et amylique existant dans l'alcool.

Pour doser les alcools propyliques, filtrer sur du papier mouillé l'eau salée contenant l'alcool afin de la débarrasser du sulfure de carbone, puis distiller jusqu'à ce que le liquide marque 50 degrés à 15 degrés (à ce moment la totalité des alcools a passé à la distillation) ; en remplir une burette à robinet et faire couler goutte à goutte dans un becherglass contenant 1 centimètre cube de permanganate à 1 gramme par litre et 50 centimètres cubes d'eau, jusqu'à l'obtention d'une teinte rouge cuivre semblable à une teinte type.

Dans ces conditions, il faut à peu près 2 centimètres cubes 5 d'alcool à 50° contenant 1 p. 100 d'alcool isopropylique pour avoir la teinte voulue.

Il suit de là que, d'après le nombre de centimètres cubes employés, on peut en déduire la teneur approchée du liquide en alcool propylique ; ce nombre devra être ensuite ramené à la prise d'essai initiale.

En ajoutant le nombre ainsi trouvé au résultat donné par la méthode au sulfure, on aura la proportion totale d'huiles essentielles existant dans les 100 parties d'alcool essayé.

Le dosage approximatif de l'alcool propylique ainsi pratiqué sera suffisant dans la majeure partie des cas. Si une détermination plus précise était nécessaire, elle serait faite par la méthode homéotropique.

Nota. La teinte cuivre type s'obtient en mélangeant 20 centimètres cubes de fuchsine à 0 gr. 01 par litre et 30 centimètres cubes de chromate neutre de potasse à 0 gr. 500 par litre et complétant à 150 centimètres cubes au moyen d'eau distillée.

B. *Il surnage une couche huileuse sur l'eau salée.*

1° Prendre 100 centimètres cubes d'alcool, les mettre dans une boule à décanter d'un litre environ avec 500 centimètres cubes d'eau salée et 50 centimètres cubes d'eau environ ; agiter, puis laisser reposer ;

2° Séparer la solution alcoolique aqueuse de la couche d'huiles essentielles et l'introduire dans une boule à décanter d'un litre ;

3° Mesurer le nombre N de centimètres cubes d'huiles essentielles et insolubles ;

4° Opérer ensuite sur la liqueur alcoolique comme il a été dit en A ; on obtiendra alors pour les huiles essentielles dissoutes un nombre n de centimètres cubes d'acétates.

Le titre sera la somme des deux nombre N + ($n \times 0,8$).

Procédé analytique B

DOSAGE DE L'ALCOOL VINIQUE DANS LES HUILES ESSENTIELLES.

1° Mettre 500 centimètres cubes d'huiles essentielles dans un entonnoir à décantation d'un litre ;

2° Ajouter 150 centimètres cubes d'eau salée, agiter énergiquement et décanter cette eau dans un entonnoir à robinet d'un litre ;

Faire trois autres traitements semblables et réunir toutes les eaux de lavage.

3° Agiter avec 125 centimètres cubes de sulfure de carbone et répéter quatre fois ce traitement, afin d'enlever au liquide les alcools butylique et amylique pouvant être en solution ;

4° Le sulfure de carbone ayant été séparé après chaque épuisement, filtrer la solution aqueuse sur un filtre mouillé, puis l'introduire dans un ballon d'un litre ;

5° Distiller le liquide et recueillir 250 centimètres cubes ;

6° Prendre le degré alcoométrique et la température, ramener à 15° au moyen de tables de correction et diviser par 2 pour avoir la teneur p. 100 en alcool.

Ce nombre sera corrigé, s'il y a lieu, de la teneur en alcool propylique dont le dosage sera pratiqué ainsi qu'il est dit dans l'instruction pour l'alcool vinique. (Voir pour le dosage de l'alcool propylique ci-dessus.)

Procédé analytique C

DOSAGE VOLUMÉTRIQUE DE L'ACÉTONE DANS LES MÉTHYLÈNES.

L'essai nécessite la préparation des liqueurs suivantes :

Dissolution 1/5 normale d'iode.

Peser exactement 127 grammes d'iode pur bisublimé et les dissoudre avec 250 grammes d'iodure de potassium dans de l'eau distillée ; amener la solution au volume de 5 litres à 15°.

Dissolution 1/20 normale d'hyposulfite de soude.

Dissoudre 62 gr. 025 d'hyposulfite de soude pur, *séché à l'air*, dans de l'eau distillée ; amener la solution au volume de 5 litres à 15° après addition de 15 centimètres cubes de soude.

Solution d'acide sulfurique.

Liqueur contenant 100 grammes d'acide sulfurique pur par litre.

Solution de soude.

Liqueur contenant environ 80 grammes de soude NaOH par litre. Ces deux solutions doivent se neutraliser volume à volume.

Empois d'amidon.

Délayer 5 grammes d'amidon dans 500 centimètres cubes d'eau distillée ; faire bouillir une heure environ, puis compléter un litre avec de l'eau salée.

Pratique à l'essai.

1° Mesurer exactement 20 centimètres cubes de méthylène, verser dans un ballon d'un litre à demi rempli d'eau distillée, compléter à un litre avec de l'eau, puis agiter vigoureusement pour rendre homogène ;

2° Introduire 30 centimètres cubes de soude dans un flacon de 250 centimètres cubes à essai d'argent ;

3° Ajouter 20 centimètres cubes de la solution diluée de méthylène ;

4° Verser N centimètres cubes de solution d'iode (55 centimètres cubes environ) ; laisser réagir 10 minutes au moins en agitant ;

5° Verser 30 centimètres cubes de liqueur sulfurique au moins, de façon à rendre la liqueur acide ;

6° Laisser tomber ensuite la liqueur d'hyposulfite jusqu'à ce que la décoloration soit presque complète ; à ce moment ajouter 4 à 5 centimètres cubes d'empois d'amidon et continuer à verser la solution d'hyposulfite jusqu'à complète décoloration.

Noter le nombre de centimètres cubes employés, soit n ce nombre, et chercher sa valeur en centimètres cubes d'iode (la solution d'hyposulfite étant 4 fois plus faible que celle d'iode, il convient, pour arriver à l'équivalence, de diviser par 4 le nombre n) ;

7° Soustraire ce nombre $\frac{n}{4}$ du nombre Ncc d'iode employés, et multiplier la différence par 0.6073.

La formule $\left(N - \frac{n}{4}\right) \times 0,6073$ donne la quantité d'acétone pour 100 contenue dans le méthylène.

Pour que le dosage ait toute l'exactitude désirable, il est nécessaire que $\frac{n}{4}$ soit au moins égal à 10 centimètres cubes de liqueur d'iode.

Exemple :

$$N = 49^{cc},55$$
$$n = 41\ 8$$
$$\frac{n}{4} = 10\ 45$$
$$N - \frac{n}{4} = 49.55 - 10.45 = 39.10$$
$$39.10 \times 0.6073 = 23.74 \text{ p. } 100 \text{ d'acétone.}$$

Nota. Si un essai à blanc fait avec la soude indiquait que cette soude renferme des nitrites, il y aura lieu de tenir compte dans les essais de la correction due à la présence de ces nitrites.

Procédé analytique D

DOSAGE VOLUMÉTRIQUE DE L'ACÉTONE DANS LES ALCOOLS DÉNATURÉS.

1° Prendre exactement 50 centimètres cubes d'alcool dénaturé au moyen d'une pipette à deux traits ;

2° Laisser tomber dans un ballon de 500 centimètres cubes à demi rempli d'eau distillée ;

3° Compléter jusqu'au trait par addition d'eau distillée, puis agiter pour rendre homogène ;

4° Prélever 20 centimètres cubes de cette solution et laisser tomber dans un flacon de 750 centimètres cubes bouché à l'émeri dans lequel on a préalablement mis 25 centimètres cubes de solution de soude à 80 grammes par litre ;

5° Ajouter ensuite 250 centimètres cubes d'eau distillée, puis N centimètres cubes d'iode 1/5 normal (45 centimètres cubes environ) et agiter ;

6° Laisser réagir pendant quinze minutes *au moins* et vingt minutes *au plus* à une température comprise entre 15 à 20° centigrades, rendre acide par l'addition de 25 centimètres cubes d'acide sulfurique à 100 grammes par litre ;

7° Verser la solution d'hyposulfite 1/20 normale jusqu'à presque complète décoloration, ajouter quelques centimètres cubes d'empois d'amidon et achever la décoloration ;

8° Noter le nombre n de centimètres cubes employés ;

9° Diviser ce nombre n par 4 pour avoir la valeur en centimètres cubes de l'iode non employé (ce nombre $\frac{n}{4}$ doit toujours être au moins égal à 10 centimètres cubes) ;

10° Retrancher le quotient trouvé du nombre N et multiplier cette différence par 0 12146 pour avoir l'acétone p. 0/0 en volume dans l'alcool essayé.

$$\left(N - \frac{n}{4}\right) \times 0.12146 = \text{acétone p. } 100.$$

Exemple :

$$N = 44^{cc}1$$
$$n = 44\ 4$$
$$N - \frac{n}{4} = 44{,}1 - \frac{44{,}4}{4} = 33\text{cc. } 0.$$
$$33^{cc}0 \times 0.12146 = 4.0 \text{ p. } 0/0 \text{ d'acétone.}$$

Procédé analytique E

DOSAGE DES IMPURETÉS MÉTHYLIQUES DANS LES MÉTHYLÈNES COMMERCIAUX

Instruments nécessaires :

Tube de Rôse dont la partie inférieure est jaugée à 50 centimètres cubes et dont la boule supérieure est environ de 200 centimètres cubes.

La tige réunissant ces deux parties est divisée en centimètres cubes et dixièmes de 50 à 55 centimètres cubes.

Mode opératoire :

1° Mesurer très exactement à la température de 15° un volume de 50 centimètres cubes de chloroforme pur au moyen d'une pipette à deux traits et à robinet. Introduire ce chloroforme dans le tube de Rôse.

2° Préparer d'autre part le mélange suivant :

25 centimètres cubes de méthylène ;

38 centimètres cubes de bisulfite de soude corrigé à 1.35 de densité. (Voir note A, page 290) ;

60 centimètres cubes d'eau ;

Refroidir ce mélange à 15° puis le verser dans le tube, fermer au moyen du bouchon rodé, retourner l'appareil et agiter fortement ; laisser reposer et lire l'augmentation de la couche chloroformique à la température de + 15°.

3° Multiplier par 4 pour exprimer la valeur des impuretés méthyliques totales pour 100 de méthylène.

La quantité de ces impuretés évaluées par la méthode ci-dessus devra être au minimum de 2.5 p. 100, déduction faite des produits saponifiables par la soude.

Lorsque les méthylènes renferment de ces produits, le dosage en sera fait de la façon suivante :

1° Introduire 20 centimètres cubes de méthylène dans un ballon de

200 centimètres cubes environ, ajouter 50 centimètres cubes de soude caustique demi normale et quelques gouttes de solution alcoolique de phénolphtaléine à 1 p. 100.

2° Adapter le ballon à un réfrigérant ascendant et chauffer au bain-marie à 100 degrés pendant une demi-heure pour détruire les éthers.

3° Titrer la soude en excès au moyen d'acide sulfurique demi normal — soit N le nombre de centimètres cubes d'acide ajouté. — La différence 50 — N indique la quantité de soude employée à la destruction des éthers. La quantité des produits saponifiables *calculée en acétale de méthyle*) contenue dans 100 parties en volumes de méthylène à essayer sera donnée par la formule :

$$\frac{100\ (50 - N) \times 0\ 3894}{n}$$

n étant le nombre de centimètres cubes de méthylène employé.

(Si le chiffre des impuretés totales dépasse 10 p. 100, ajouter 5 centimètres cubes de soude en plus par 1 p. 100 d'impuretés : par exemple, 60 centimètres cubes pour 12 p. 100.)

Le nombre ainsi déterminé sera déduit du quantum d'impuretés obtenu par le traitement du chloroforme.

Les impuretés pyrogénées devront être entièrement dues aux produits naturels de la distillation du bois; toute autre matière, de quelque nature qu'elle soit, ajoutée au méthylène dans le but de fausser les indications du chloroforme, entraînera le rejet du méthylène.

Note A

CORRECTION DU BISULFITE DE SOUDE

Les bisulfites de soude du commerce, quoique ayant 1.35 de densité, ne donnent par toujours le zéro dans un mélange synthétique de méthylène pur à 25 p. 100 d'acétone.

Lorsqu'il en est ainsi, il convient de les corriger de la façon suivante :

« Introduire 100 centimètres cubes du bisulfite à corriger dans une boule à décantation bouchée à l'émeri et munie d'un robinet à la partie inférieure. Ajouter 175 centimètres cubes d'eau de 50 centimètres cubes de chloroforme, agiter, puis laisser les deux couches se séparer complètement. Filtrer 5 centimètres cubes de chloroforme environ sur du papier, recevoir le liquide filtré dans un tube à essai et y ajouter trois gouttes de solution d'iode $\frac{N}{5}$. Agiter fortement et observer si le chloroforme prend une teinte rose persistante. Si la coloration rose disparait (ce qui est le cas le plus fréquent), ajouter dans la boule à décanter de la soude caustique (en solution à 1.35 de densité), à l'aide d'une burette graduée, par petites portions, en répétant, après chaque addition de soude, l'essai à l'iode indiqué ci dessus jusqu'à ce que l'on observe une coloration rose persistante du chloroforme.

« Si *n* représente le nombre de centimètres cubes de soude (densité 1.35) employé, il y aura lieu d'ajouter Ncc × 10 de soude à 1.35 par litre du bisulfite à corriger.

« On procédera ensuite au dosage en employant les quantités suivantes de réactifs :

Méthylène pur à 90 degrés contenant 25 p. 100 d'acétone. =	25 cc.
Bisulfite corrigé	38
Eau distillée.	60
Chloroforme.	50

« Dans ces conditions, l'augmentation de la couche de chloroforme devra être nulle. »

ANNEXE D

VŒUX ÉMIS PAR LE CONGRÈS DES EMPLOIS INDUSTRIELS DE L'ALCOOL

1° Qu'il soit constitué, après clôture du Congrès, une commission permanente ayant pour mission de centraliser toutes les études techniques relatives à l'emploi industriel de l'alcool.

2° Qu'une deuxième commission permanente poursuive dans la mesure du possible les recherches industrielles et scientifiques propres à développer cet emploi.

Qu'un certain nombre de membres de ces commissions soient pris dans les différentes sociétés agricoles et industrielles ou parmi les personnes compétentes s'occupant de ces questions.

3° Que l'alcool méthylique, s'il continue à être employé, soit réduit à son minimum pour la dénaturation, non seulement à cause de son prix élevé, mais à cause de ses inconvénients graves : production des gaz oxyméthylés, qui sont désagréablement odorants et peut-être même dangereux.

4° Que le ministre de l'Agriculture veuille bien donner suite à son intention de créer une exposition internationale des appareils et moteurs à alcool en 1902, et que la date de l'ouverture de cette exposition soit désignée aussitôt que possible pour laisser aux intéressés le temps nécessaire de s'y préparer.

5° Que les échantillons prélevés en vue de la dénaturation par la régie soient analysés, et que le bon à livrer soit fourni au dénaturateur au plus tard dans les 6 jours.

6° Que le dénaturant soit fourni par l'État conformément à l'article 8, § 3, de la loi du 16 décembre 1897.

7° Que les manquants estimés par les dénaturateurs approximativement à 1/2 0/0 des quantités manipulées soient fixés proportionnellement aux quantités dénaturées et non à la quantité moyenne de la présence en magasin.

8° Que les excédents et manquants soient pris en charge et qu'une balance en soit établie à la fin de chaque campagne ou de chaque trimestre, et que les excédents soient simplement pris en charge.

9° Que le bulletin de commande actuellement exigé des particuliers et des détaillants qui achètent de l'alcool dénaturé directement au dénaturateur jusqu'à concurrence d'une quantité maxima de 250 litres par jour soit supprimé.

10° Que le projet de loi édictant l'ouverture d'un concours en faveur du meilleur dénaturant soit voté promptement par les Chambres.

11° Que le ministre des Finances veuille bien hâter le plus possible l'étude du dénaturant le plus économique possible et attribuer à cette étude le prix de 20.000 francs promis au meilleur dénaturant.

12° Considérant que les alcools de vins et de fruits bénéficieront, comme l'alcool d'industrie, de la plus-value résultant de l'extension de l'emploi industriel de l'alcool, le Congrès émet le vœu que ces alcools de vin et de fruits supportent également la taxe fixée par l'article 59 de la loi de finances du 25 février 1901.

13° Que la taxe d'analyse de l'alcool dénaturé soit supprimée, l'alcool devant jouir des mêmes avantages que ceux accordés au sucre, la taxe appliquée actuellement étant un véritable impôt déguisé.

14° Considérant que la méthode officielle du dosage des huiles essentielles n'est pas appliquée dans tous les laboratoires des finances ; qu'il en résulte les plus graves inconvénients pour le commerce des alcools dénaturés, le Congrès émet le vœu qu'une seule méthode d'analyse soit uniformément employée, conformément aux procédés analytiques annexés à la circulaire n° 103, en date du 30 octobre 1894, après avis du Comité consultatif des Arts et Manufactures, aussi bien dans les laboratoires des finances que dans les laboratoires du commerce. Que cette analyse puisse être faite par les laboratoires de la Régie pour les industriels, avant expédition sous plombs administratifs et que cette analyse fasse foi dans les marchés.

15° Qu'il soit créé entre tous les producteurs d'alcool une association, qui aura pour but de faciliter la vente de l'alcool dénaturé. Qu'à cet effet il soit formé une commission chargée d'organiser la vente de l'alcool dénaturé au meilleur marché possible. Cette commission prendra l'engagement d'apporter les conclusions de ses travaux dans une assemblée générale de tous les producteurs d'alcool industriel de France qui se réunira à Paris vers le 15 janvier prochain. La commission pourra convoquer à cette assemblée tous les intéressés qu'il lui conviendra d'y inviter. Elle se composera de trois représentants du commerce des alcools à Paris, de deux représentants du commerce des alcools de Lille, de quatre distillateurs industriels ou rectificateurs, de quatre distillateurs agricoles, de deux dénaturateurs, d'un membre du Syndicat de l'épicerie, d'un membre de la Chambre syndicale des produits chimiques, d'un membre de la Chambre syndicale des couleurs et vernis, d'un membre de l'Automobile-Club et d'un secrétaire. Le Comité d'organisation du Congrès sera chargé également de l'organisation de cette commission.

TABLE DES MATIÈRES

Mayenne. Imprimerie CH. COLIN.